全国技工院校工学一体化技能人才培养模式
数控加工专业教材

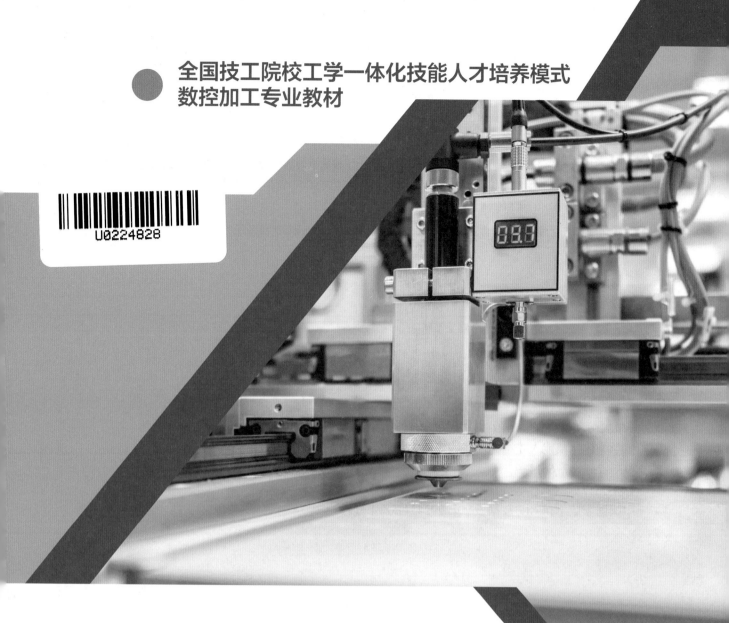

简单零件数控铣床加工
学习任务集

崔兆华◎主编

中国劳动社会保障出版社

简介

　　本书的主要内容包括：定位块的数控铣床加工、凸轮槽的数控铣床加工、密封盖的数控铣床加工、端盖Ⅰ的数控铣床加工、凹模的数控铣床加工、凸模的数控铣床加工、十字槽底板的数控铣床加工、十字凹形板的数控铣床加工、配油盘的数控铣床加工、支承座的数控铣床加工、槽轮的数控铣床加工、定位板的数控铣床加工、端盖Ⅱ的数控铣床加工、模具推料板的数控铣床加工等。

　　本书由崔兆华任主编，王蕾、蒋自强、刘斌、邵明玲、周靖明参加编写，付荣任主审。

图书在版编目（CIP）数据

简单零件数控铣床加工学习任务集 / 崔兆华主编 .
北京：中国劳动社会保障出版社，2024. --（全国技工
院校工学一体化技能人才培养模式数控加工专业教材）.
ISBN 978-7-5167-6614-9

Ⅰ. TG547

中国国家版本馆 CIP 数据核字第 2024347WT4 号

中国劳动社会保障出版社出版发行

（北京市惠新东街 1 号　邮政编码：100029）

*

北京市白帆印务有限公司印刷装订　　新华书店经销

880 毫米 ×1230 毫米　16 开本　5 印张　118 千字

2024 年 10 月第 1 版　　2024 年 10 月第 1 次印刷

定价：15.00 元

营销中心电话：400-606-6496

出版社网址：http://www.class.com.cn

http://jg.class.com.cn

目　录

学习任务 1　定位块的数控铣床加工 ································· 1

学习任务 2　凸轮槽的数控铣床加工 ································· 5

学习任务 3　密封盖的数控铣床加工 ································· 11

学习任务 4　端盖 I 的数控铣床加工 ································· 16

学习任务 5　凹模的数控铣床加工 ··································· 21

学习任务 6　凸模的数控铣床加工 ··································· 25

学习任务 7　十字槽底板的数控铣床加工 ··························· 30

学习任务 8　十字凹形板的数控铣床加工 ··························· 34

学习任务 9　配油盘的数控铣床加工 ································· 38

学习任务 10　支承座的数控铣床加工 ································ 44

学习任务 11　槽轮的数控铣床加工 ·································· 50

学习任务 12　定位板的数控铣床加工 ································ 55

学习任务 13　端盖 II 的数控铣床加工 ······························ 60

学习任务 14　模具推料板的数控铣床加工 ··························· 65

附录 ·· 70

一、工作任务描述

某企业接到一批定位块（图1–1）的加工订单，数量为5件，来料加工，材料为45钢，毛坯尺寸为120 mm×90 mm×35 mm（四方体已加工），工期为5天。生产部门安排数控铣工组完成此零件的加工。

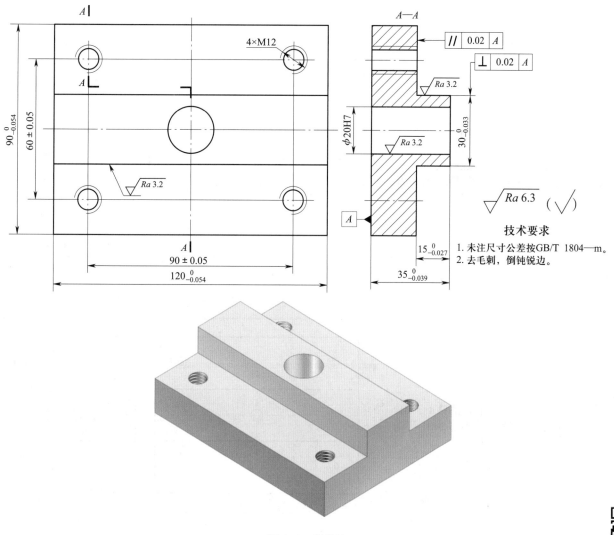

图1–1　定位块

二、加工工艺过程

定位块的加工工艺过程见表1-1。

表1-1　　　　　　　　　　　　　　　定位块的加工工艺过程

工序	加工内容	图示
1. 粗加工凸台	用 ϕ10 mm 平底铣刀粗加工凸台，底面和侧面留 0.5 mm 精加工余量	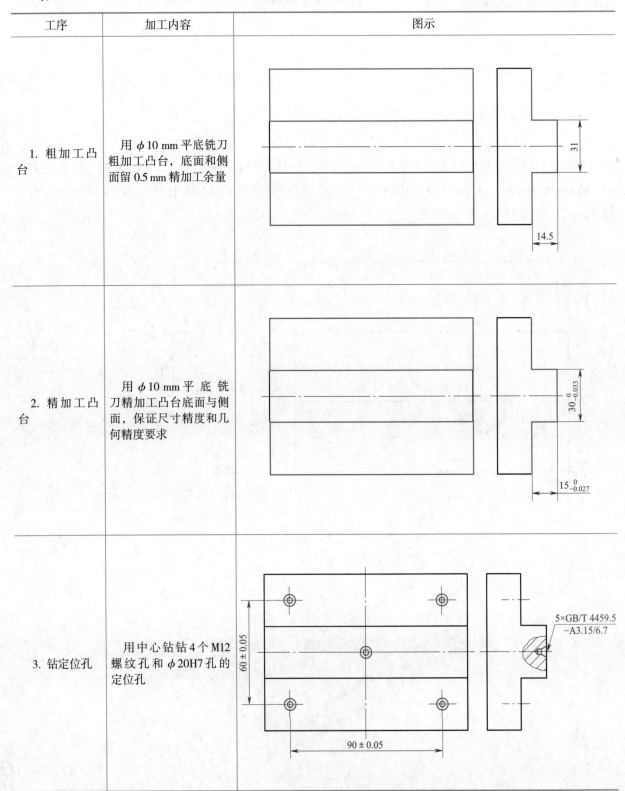
2. 精加工凸台	用 ϕ10 mm 平底铣刀精加工凸台底面与侧面，保证尺寸精度和几何精度要求	
3. 钻定位孔	用中心钻钻 4 个 M12 螺纹孔和 ϕ20H7 孔的定位孔	

续表

工序	加工内容	图示
4. 钻4个M12螺纹底孔	用 ϕ 10.25 mm 麻花钻钻螺纹底孔	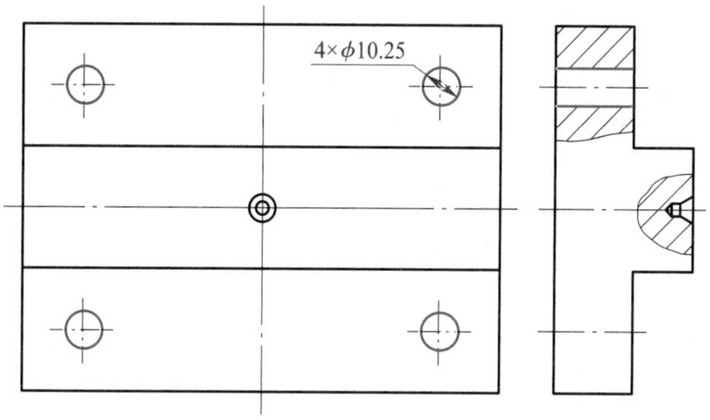 4×ϕ10.25
5. 攻螺纹	用 M12 丝锥加工 4 处 M12 螺纹	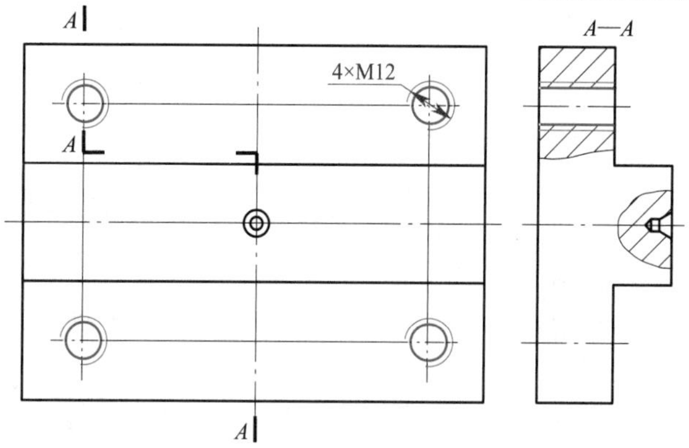 4×M12　A—A
6. 钻 ϕ 20H7 底孔	用 ϕ 19.8 mm 麻花钻钻 ϕ 20H7 底孔	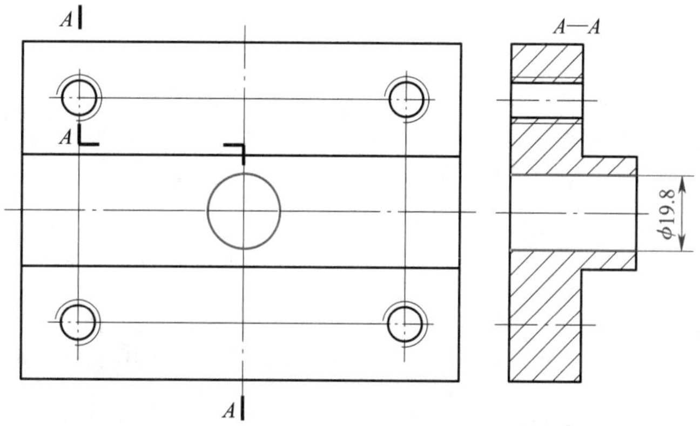 A—A　ϕ19.8
7. 铰 ϕ 20H7 孔	用 ϕ 20H7 铰刀铰 ϕ 20H7 孔至尺寸要求	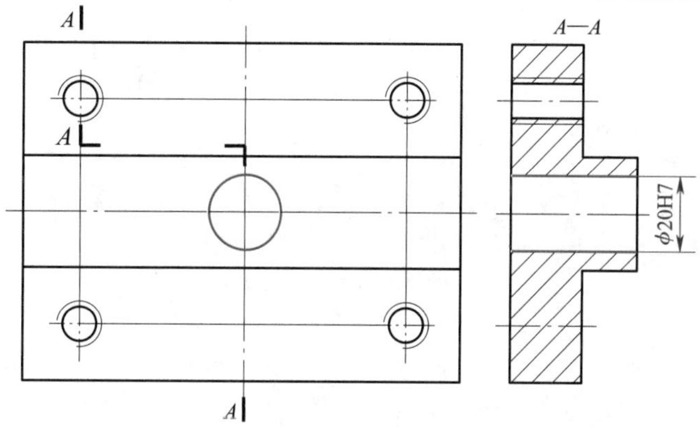 A—A　ϕ20H7
8. 检验	按零件图尺寸进行检验	

三、加工质量检测

表 1-2 为定位块加工质量检测表。

表 1-2　　　　　　　　　　　定位块加工质量检测表

序号	考核项目	配分	考核内容及要求	评分标准	检测结果	得分
1	主要尺寸 （64分）	2×4	（90±0.05）mm（2处）	超差不得分		
2		2×4	（60±0.05）mm（2处）	超差不得分		
3		6	$30_{-0.033}^{0}$ mm	超差不得分		
4		6	$15_{-0.027}^{0}$ mm	超差不得分		
5		6	$\phi 20H7$	超差不得分		
6		4×5	M12（4处）	超差不得分		
7		5	⊥ | 0.02 | A	超差不得分		
8		5	∥ | 0.02 | A	超差不得分		
9	次要尺寸 （6分）	2	$120_{-0.054}^{0}$ mm	超差不得分		
10		2	$90_{-0.054}^{0}$ mm	超差不得分		
11		2	$35_{-0.039}^{0}$ mm	超差不得分		
12	表面粗糙度 （18分）	3×3	$Ra3.2\ \mu m$（3处）	降级不得分		
13		6×1.5	$Ra6.3\ \mu m$（6处）	降级不得分		
14	主观评分 （9分）	3	已加工零件倒钝锐边、去毛刺符合图样要求，否则不得分			
15		3	已加工零件无划伤、碰伤和夹伤，否则不得分			
16		3	已加工零件与图样外形一致，否则不得分			
17	更换或添加毛坯 （3分）	3	更换或添加毛坯不得分			
18	职业素养		能正确穿戴工作服、工作鞋、安全帽和防护眼镜等个人防护用品。每违反一项倒扣2分			
19			能规范使用设备、工具、量具和辅具。每违反操作规范一次倒扣2分			
20			能做好设备清理、保养工作。未清理或未保养倒扣3分，清理或保养不彻底倒扣2分			
总配分		100	总得分			

一、工作任务描述

某企业接到一批凸轮槽（图 2-1）的加工订单，数量为 30 件，来料加工，材料为 45 钢，毛坯尺寸为 85 mm × 85 mm × 25 mm，工期为 5 天。生产部门安排数控铣工组完成此零件的加工。

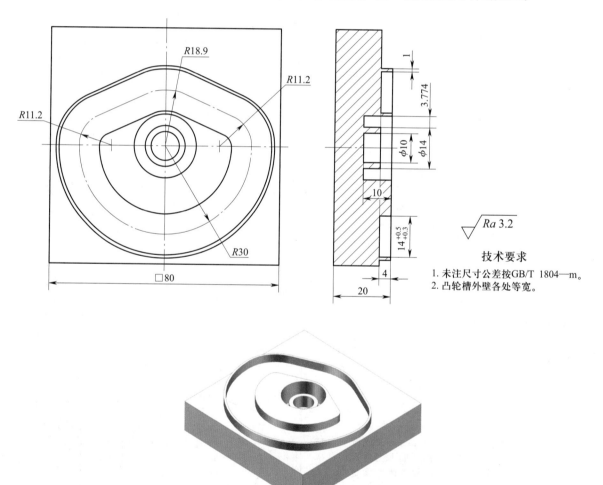

技术要求
1. 未注尺寸公差按GB/T 1804—m。
2. 凸轮槽外壁各处等宽。

图 2-1　凸轮槽

二、加工工艺过程

凸轮槽的加工工艺过程见表 2-1。

表 2-1   凸轮槽的加工工艺过程

工序	工步	加工内容	图示
1. 粗、精加工四方体		用面铣刀粗、精加工四方体至尺寸要求	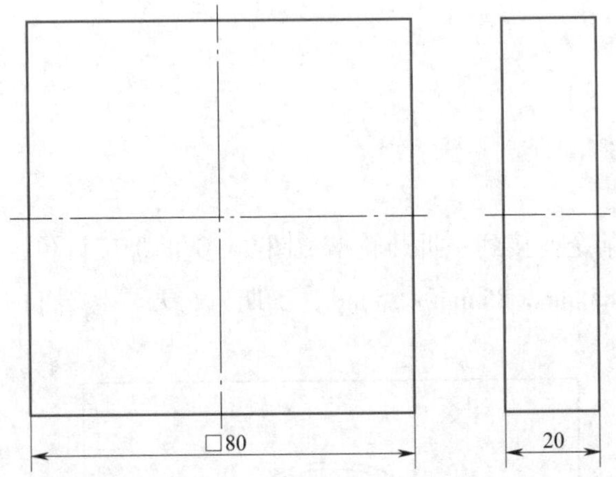 □80　　20
2. 粗加工凸轮槽内外轮廓、孔以及内槽	（1）	用 $\phi 10\ mm$ 的平底铣刀粗加工凸轮槽外轮廓及底面，加工深度为 3.8 mm	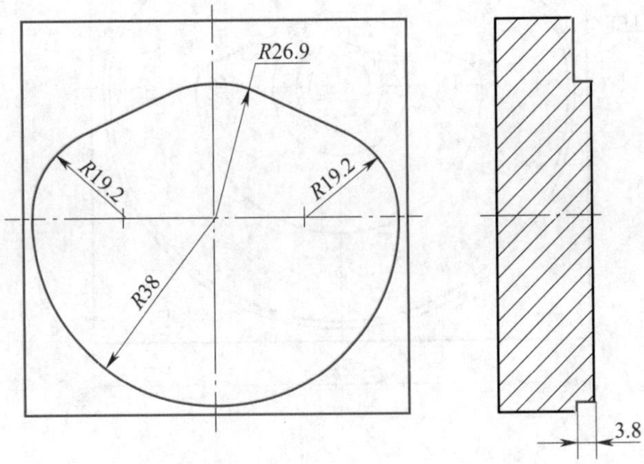 R26.9　R19.2　R19.2　R38　3.8
	（2）	用 $\phi 10\ mm$ 的平底铣刀，采用斜插下刀方式粗加工凸轮槽内轮廓及底面，加工深度为 3.8 mm	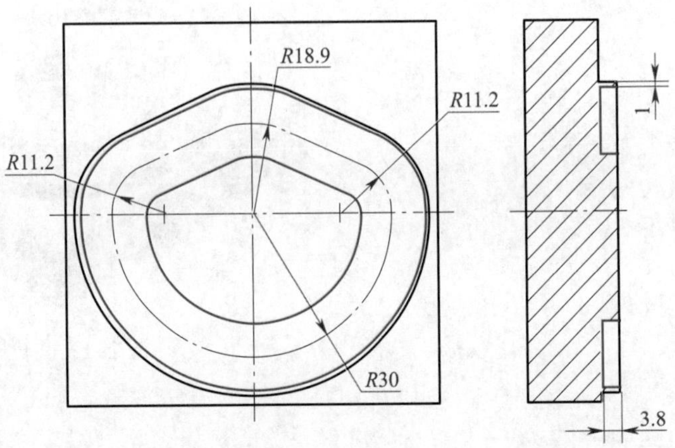 R18.9　R11.2　R11.2　R30　3.8

续表

工序	工步	加工内容	图示
2. 粗加工凸轮槽内外轮廓、孔以及内槽	（3）	用 $\phi 10$ mm 的平底铣刀螺旋下刀，粗加工 $\phi 21.548$ mm 的内孔，深度至 3.8 mm	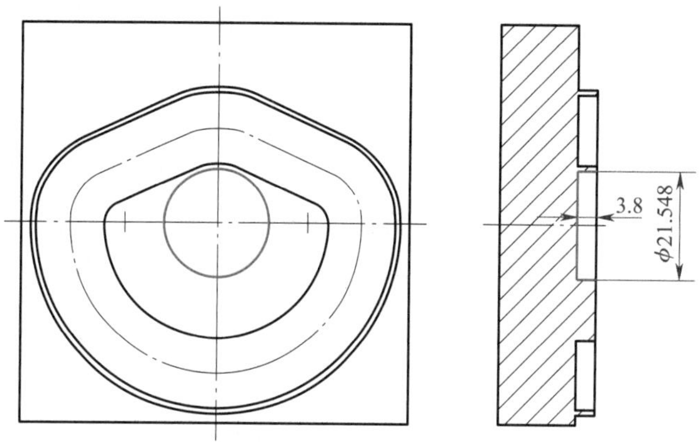
	（4）	用 $\phi 8$ mm 的平底铣刀粗加工 $\phi 10$ mm 内孔，深度至 9.8 mm	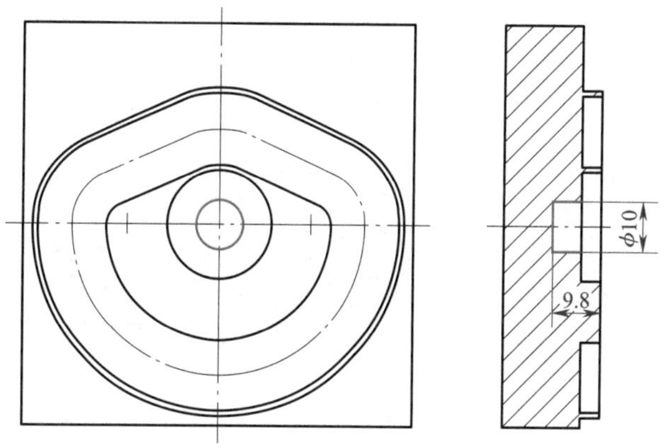
	（5）	用 $\phi 3$ mm 的平底铣刀粗加工宽为 3.774 mm 的槽，深度至 9.8 mm	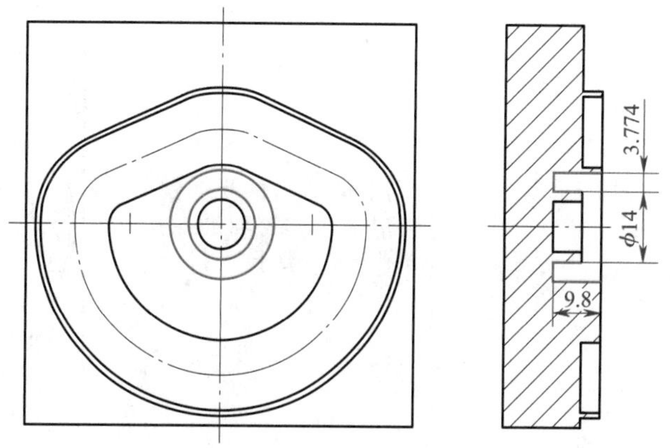

工序	工步	加工内容	图示
	（1）	用 ϕ 10 mm 的平底铣刀精加工凸轮槽外轮廓及底面至尺寸要求	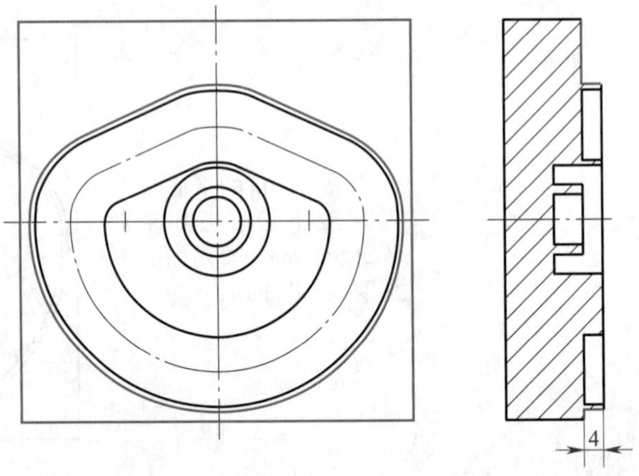
3. 精加工凸轮槽内外轮廓、孔以及内槽	（2）	用 ϕ 10 mm 的平底铣刀精加工凸轮槽内轮廓及底面至尺寸要求	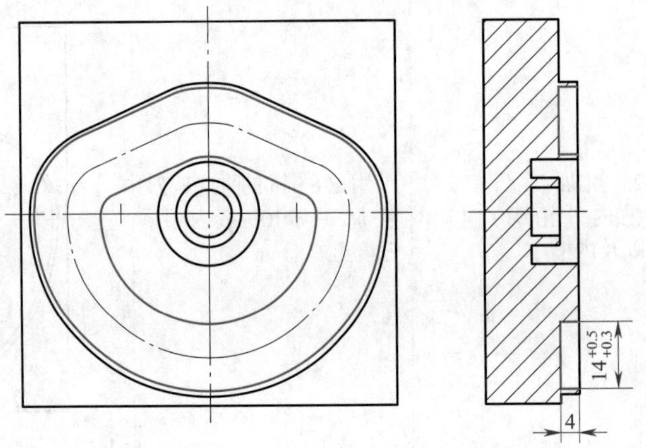
	（3）	用 ϕ 10 mm 的平底铣刀精加工 ϕ 21.548 mm 的圆孔至尺寸要求	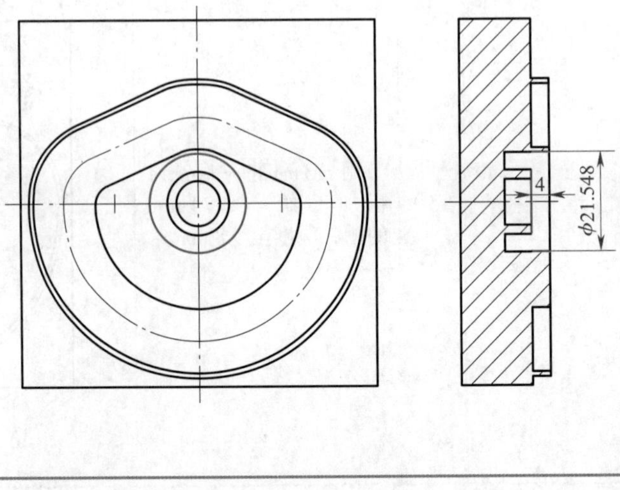

续表

工序	工步	加工内容	图示
3. 精加工凸轮槽内外轮廓、孔以及内槽	（4）	用 ϕ 8 mm 的平底铣刀精加工 ϕ 10 mm 内孔至尺寸要求	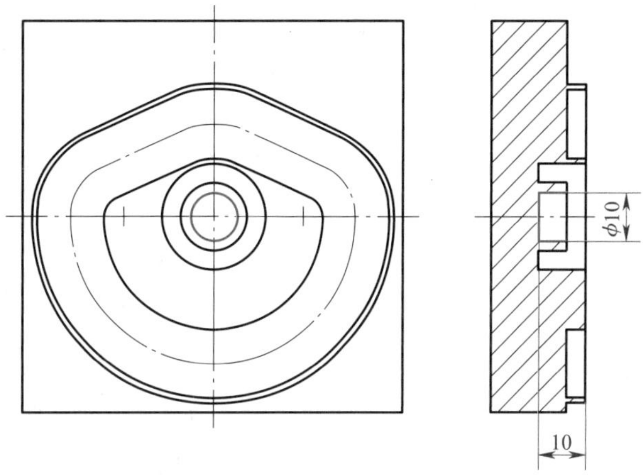
	（5）	用 ϕ 3 mm 的平底铣刀精加工宽为 3.774 mm 的槽至尺寸要求	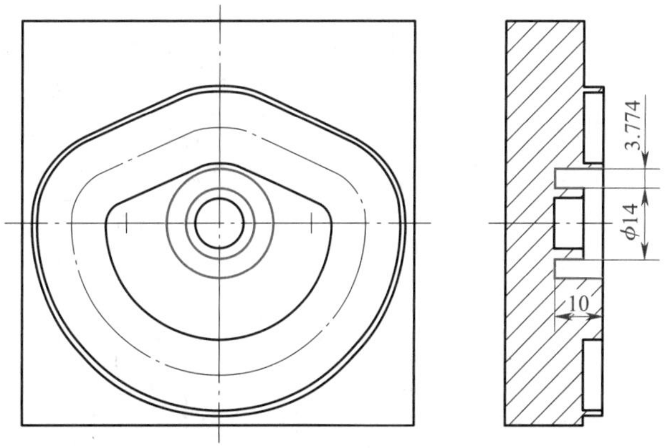
4. 检验		按零件图尺寸进行检验	

三、加工质量检测

表 2-2 为凸轮槽加工质量检测表。

表 2-2　　　　　　　　　　　　凸轮槽加工质量检测表

序号	考核项目	配分	考核内容及要求	评分标准	检测结果	得分
1	主要尺寸（60分）	2×6	80 mm（2 处）	超差不得分		
2		6	4 mm	超差不得分		
3		6	10 mm	超差不得分		
4		6	ϕ 10 mm	超差不得分		
5		6	ϕ 14 mm	超差不得分		
6		6	3.744 mm	超差不得分		

续表

序号	考核项目	配分	考核内容及要求	评分标准	检测结果	得分
7		6	20 mm	超差不得分		
8		6	1 mm	超差不得分		
9		6	$14^{+0.5}_{+0.3}$ mm	超差不得分		
10	次要尺寸 （14分）	2×3	R11.2 mm（2处）	超差不得分		
11		4	R18.9 mm	超差不得分		
12		4	R30 mm	超差不得分		
13	表面粗糙度 （17分）	17×1	Ra3.2 μm（17处）	降级不得分		
14	主观评分 （6分）	2	已加工零件去毛刺符合图样要求，否则不得分			
15		2	已加工零件无划伤、碰伤和夹伤，否则不得分			
16		2	已加工零件与图样外形一致，否则不得分			
17	更换或添加毛坯 （3分）	3	更换或添加毛坯不得分			
18	职业素养		能正确穿戴工作服、工作鞋、安全帽和防护眼镜等个人防护用品。每违反一项倒扣2分			
19			能规范使用设备、工具、量具和辅具。每违反操作规范一次倒扣2分			
20			能做好设备清理、保养工作。未清理或未保养倒扣3分，清理或保养不彻底倒扣2分			
	总配分	100	总得分			

一、工作任务描述

某企业接到一批密封盖（图 3–1）的加工订单，数量为 5 件，来料加工，材料为 45 钢，毛坯尺寸为 120 mm×80 mm×15 mm（四方体已加工），工期为 5 天。生产部门安排数控铣工组完成此零件的加工。

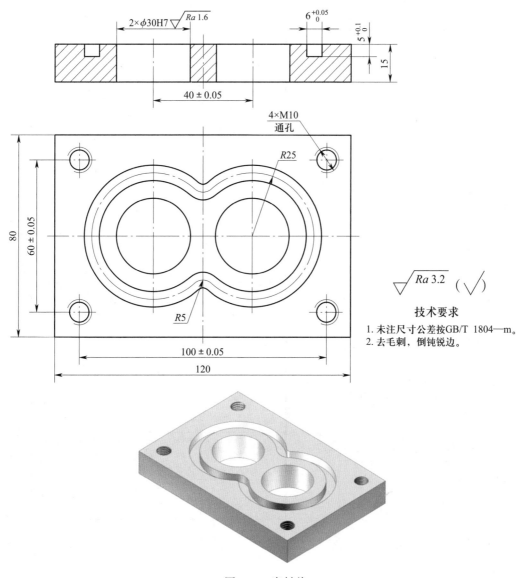

技术要求

1. 未注尺寸公差按GB/T 1804—m。
2. 去毛刺，倒钝锐边。

图 3–1　密封盖

二、加工工艺过程

密封盖的加工工艺过程见表 3-1。

表 3-1   密封盖的加工工艺过程

工序	加工内容	图示
1. 粗加工 8 字槽	用 $\phi 5$ mm 平底铣刀粗加工 8 字槽,侧面和底面留 0.5 mm 精加工余量	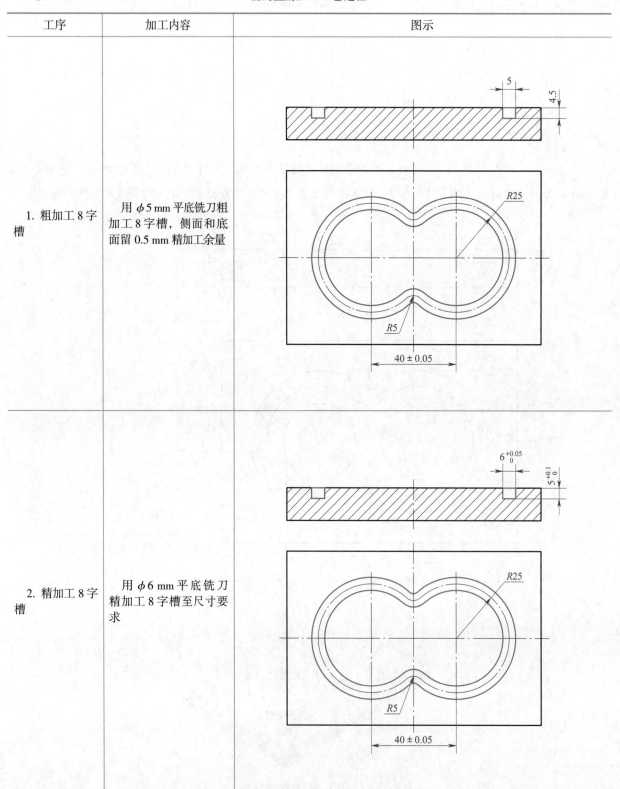
2. 精加工 8 字槽	用 $\phi 6$ mm 平底铣刀精加工 8 字槽至尺寸要求	

续表

工序	加工内容	图示
3. 粗加工两个 φ30H7 孔	用 φ10 mm 平底铣刀粗加工两个 φ30H7 孔至 φ29 mm	
4. 钻 4 个 M10 螺纹孔的定位孔	用中心钻钻 4 个螺纹孔的定位孔	
5. 钻 4 个 M10 螺纹孔的底孔	用 φ8.5 mm 的麻花钻钻 4 个 M10 螺纹孔的底孔	

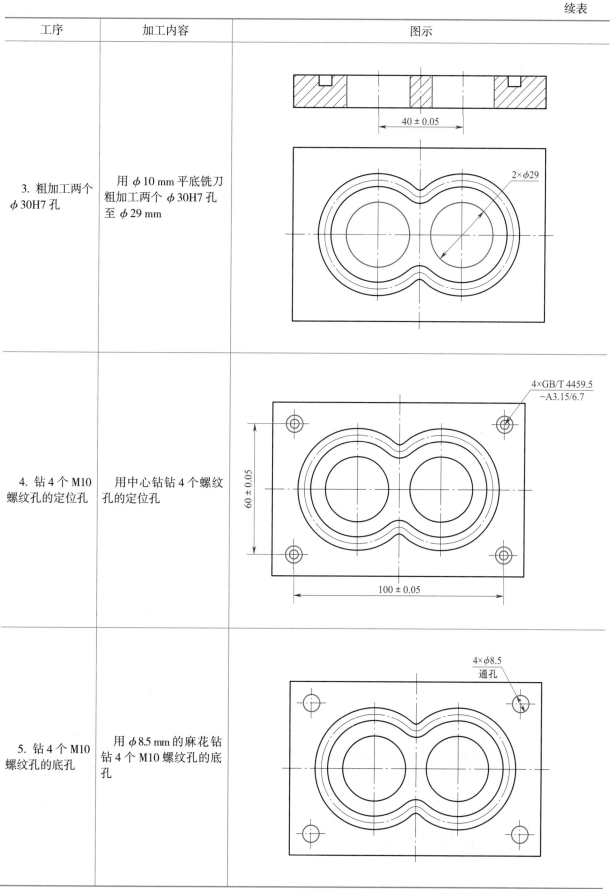

续表

工序	加工内容	图示
6. 加工4处M10螺纹	用M10丝锥加工4处M10螺纹	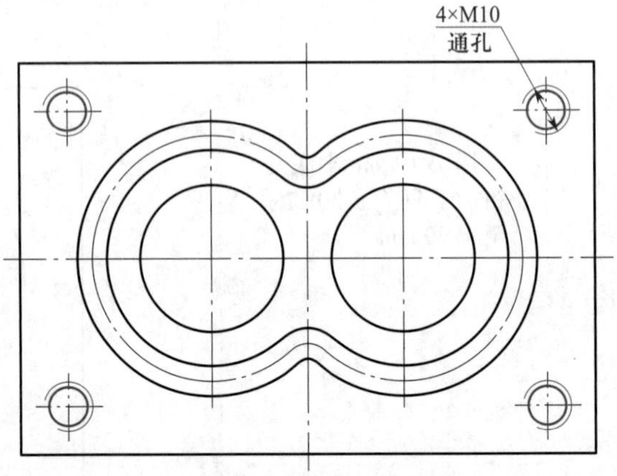
7. 精加工2个φ30H7孔	用φ30H7铰刀精加工2个φ30H7孔	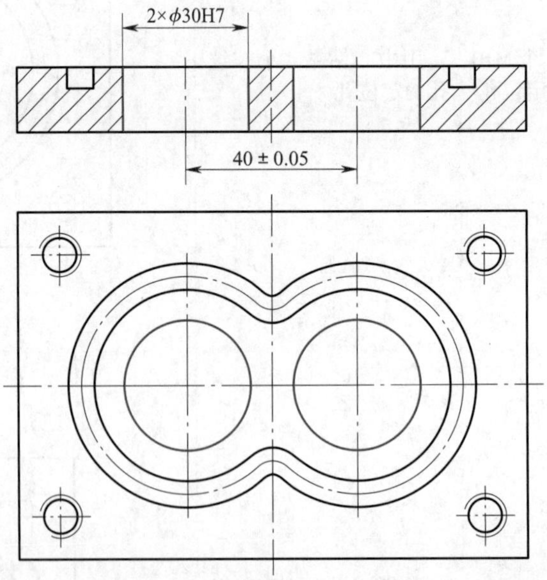
8. 检验	按零件图尺寸进行检验	

三、加工质量检测

表 3-2 为密封盖加工质量检测表。

表 3-2　　　　　　　　　　　　　密封盖加工质量检测表

序号	考核项目	配分	考核内容及要求	评分标准	检测结果	得分
1	主要尺寸（64分）	2×4	$R5$ mm（2 处）	超差不得分		
2		2×4	$R25$ mm（2 处）	超差不得分		
3		4	$6^{+0.05}_{0}$ mm	超差不得分		
4		4	$5^{+0.1}_{0}$ mm	超差不得分		
5		2×4	$\phi 30H7$（2 处）	超差不得分		
6		4	（40 ± 0.05）mm	超差不得分		
7		2×4	（60 ± 0.05）mm（2 处）	超差不得分		
8		2×4	（100 ± 0.05）mm（2 处）	超差不得分		
9		4×3	M10（4 处）	超差不得分		
10	次要尺寸（6分）	2	120 mm	超差不得分		
11		2	80 mm	超差不得分		
12		2	15 mm	超差不得分		
13	表面粗糙度（18分）	7×2	$Ra3.2\ \mu$m（7 处）	降级不得分		
14		2×2	$Ra1.6\ \mu$m（2 处）	降级不得分		
15	主观评分（9分）	3	已加工零件倒钝锐边、去毛刺符合图样要求，否则不得分			
16		3	已加工零件无划伤、碰伤和夹伤，否则不得分			
17		3	已加工零件与图样外形一致，否则不得分			
18	更换或添加毛坯（3分）	3	更换或添加毛坯不得分			
19	职业素养		能正确穿戴工作服、工作鞋、安全帽和防护眼镜等个人防护用品。每违反一项倒扣 2 分			
20			能规范使用设备、工具、量具和辅具。每违反操作规范一次倒扣 2 分			
21			能做好设备清理、保养工作。未清理或未保养倒扣 3 分，清理或保养不彻底倒扣 2 分			
总配分		100	总得分			

一、工作任务描述

某企业接到一批端盖 I（图 4-1）的加工订单，数量为 5 件，来料加工，材料为 45 钢，毛坯尺寸为 160 mm×110 mm×25 mm（四方体已加工），工期为 5 天。生产部门安排数控铣工组完成此零件的加工。

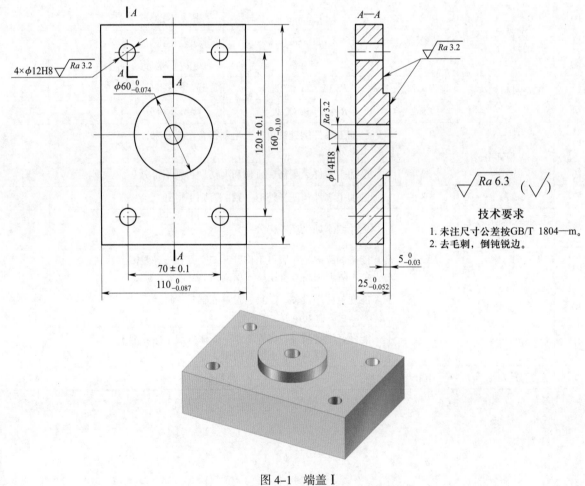

图 4-1　端盖 I

二、加工工艺过程

端盖 I 的加工工艺过程见表 4-1。

表 4-1　　　　　　　　　　　　　　端盖 I 的加工工艺过程

工序	加工内容	图示
1. 粗加工圆形凸台	用 $\phi 16$ mm 的平底铣刀粗加工圆形凸台，底面和侧面留 0.5 mm 的精加工余量	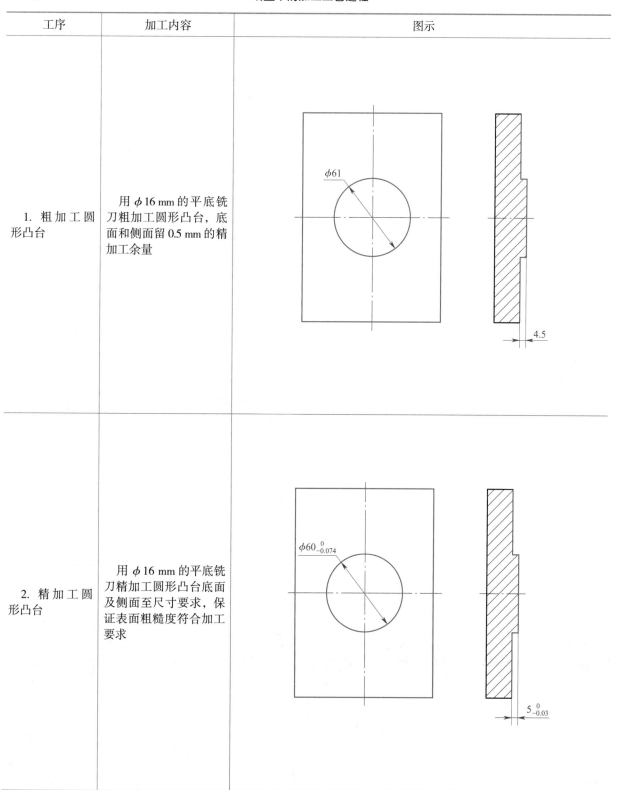
2. 精加工圆形凸台	用 $\phi 16$ mm 的平底铣刀精加工圆形凸台底面及侧面至尺寸要求，保证表面粗糙度符合加工要求	

续表

工序	加工内容	图示
3. 钻 5 个孔的定位孔	用中心钻钻 5 个孔的定位孔	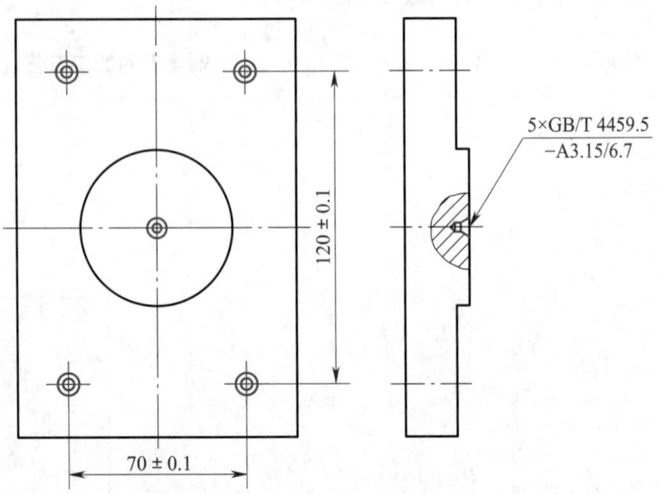 5×GB/T 4459.5 −A3.15/6.7　120±0.1　70±0.1
4. 钻 4 个 ϕ12H8 孔的底孔	用 ϕ11.8 mm 的麻花钻钻 4 个 ϕ12H8 孔的底孔	A　A—A　4×ϕ11.8
5. 钻 ϕ14H8 孔的底孔	用 ϕ13.8 mm 的麻花钻钻 ϕ14H8 孔的底孔	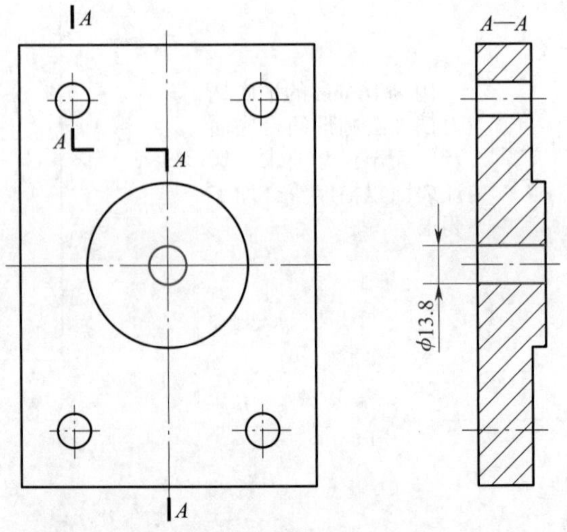 A　A—A　ϕ13.8

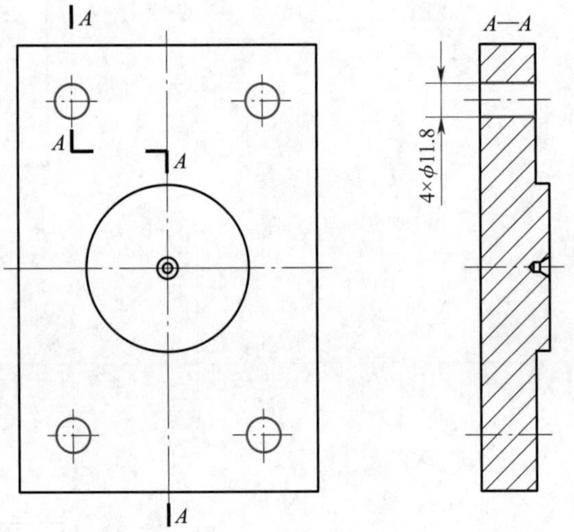

续表

工序	加工内容	图示
6. 铰4个 ϕ12H8 孔	用 ϕ12H8 的铰刀铰 4 个 ϕ12H8 孔至尺寸要求	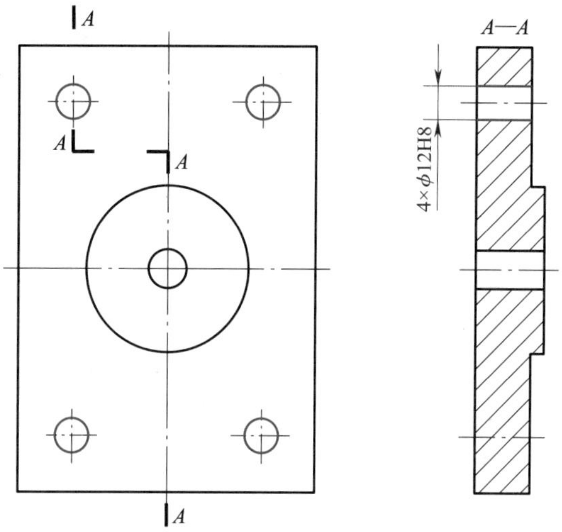
7. 铰 ϕ14H8 孔	用 ϕ14H8 的铰刀铰 ϕ14H8 孔至尺寸要求	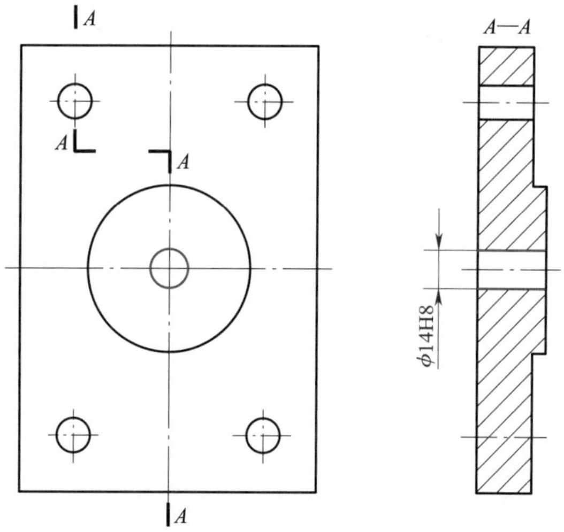
8. 检验	按零件图尺寸进行检验	

三、加工质量检测

表 4-2 为端盖 I 加工质量检测表。

表 4-2   端盖 I 加工质量检测表

序号	考核项目	配分	考核内容及要求	评分标准	检测结果	得分
1	主要尺寸（66分）	2×6	（120±0.1）mm（2 处）	超差不得分		
2		2×6	（70±0.1）mm（2 处）	超差不得分		
3		8	$5_{-0.03}^{0}$ mm	超差不得分		

续表

序号	考核项目	配分	考核内容及要求	评分标准	检测结果	得分
4		10	$\phi\,60_{-0.074}^{\;\;0}$ mm	超差不得分		
5		8	$\phi\,14H8$	超差不得分		
6		4×4	$\phi\,12H8$（4 处）	超差不得分		
7	次要尺寸（6分）	2	$160_{-0.10}^{\;\;0}$ mm	超差不得分		
8		2	$110_{-0.087}^{\;\;0}$ mm	超差不得分		
9		2	$25_{-0.052}^{\;\;0}$ mm	超差不得分		
10	表面粗糙度（16分）	7×2	$Ra3.2\ \mu$m（7 处）	降级不得分		
11		2	$Ra6.3\ \mu$m	降级不得分		
12	主观评分（9分）	3	已加工零件倒钝锐边、去毛刺符合图样要求，否则不得分			
13		3	已加工零件无划伤、碰伤和夹伤，否则不得分			
14		3	已加工零件与图样外形一致，否则不得分			
15	更换或添加毛坯（3分）	3	更换或添加毛坯不得分			
16	职业素养		能正确穿戴工作服、工作鞋、安全帽和防护眼镜等个人防护用品。每违反一项倒扣 2 分			
17			能规范使用设备、工具、量具和辅具。每违反操作规范一次倒扣 2 分			
18			能做好设备清理、保养工作。未清理或未保养倒扣 3 分，清理或保养不彻底倒扣 2 分			
	总配分	100	总得分			

一、工作任务描述

某企业接到一批凹模（图 5-1）的加工订单，数量为 5 件，来料加工，材料为 45 钢，毛坯尺寸为 100 mm × 100 mm × 20 mm（四方体已加工），工期为 5 天。生产部门安排数控铣工组完成此零件的加工。

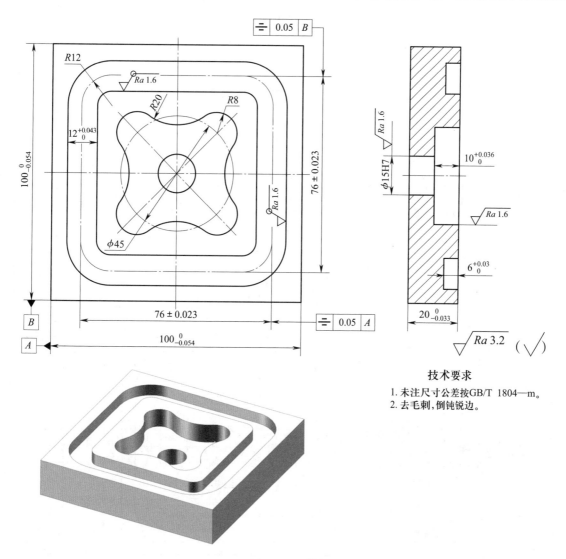

技术要求

1. 未注尺寸公差按 GB/T 1804—m。
2. 去毛刺，倒钝锐边。

图 5-1　凹模

二、加工工艺过程

凹模的加工工艺过程见表 5-1。

表 5-1　　　　　　　　　　　　　凹模的加工工艺过程

工序	加工内容	图示
1. 粗加工凹模异形内轮廓	用 $\phi 8$ mm 的平底铣刀粗加工凹模异形内轮廓，底面和侧面各留 0.5 mm 的精加工余量	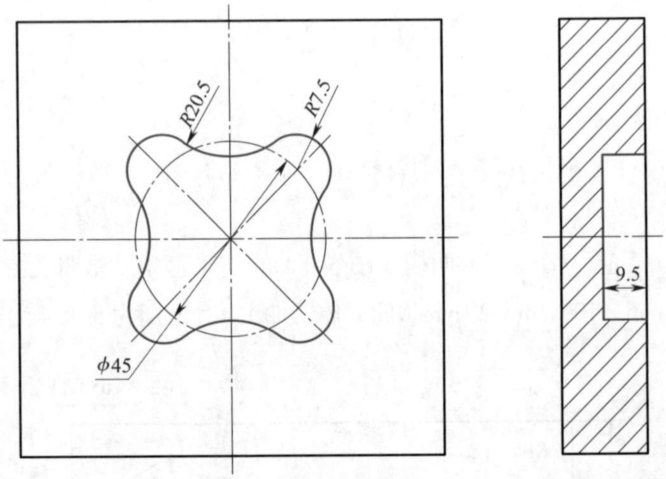
2. 粗加工 $\phi 15H7$ 孔	用 $\phi 8$ mm 的平底铣刀粗加工 $\phi 15H7$ 孔至 $\phi 14.5$ mm	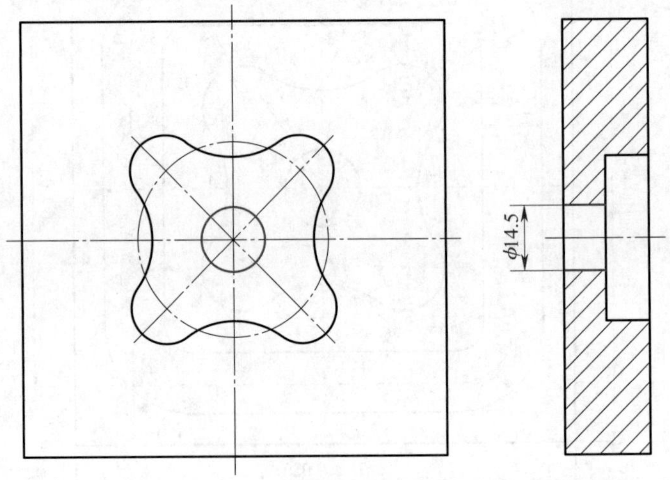
3. 粗加工 $12^{+0.043}_{0}$ mm 宽的凹槽	用 $\phi 10$ mm 的平底铣刀粗加工 $12^{+0.043}_{0}$ mm 宽的凹槽，底面和侧面各留 0.5 mm 的精加工余量	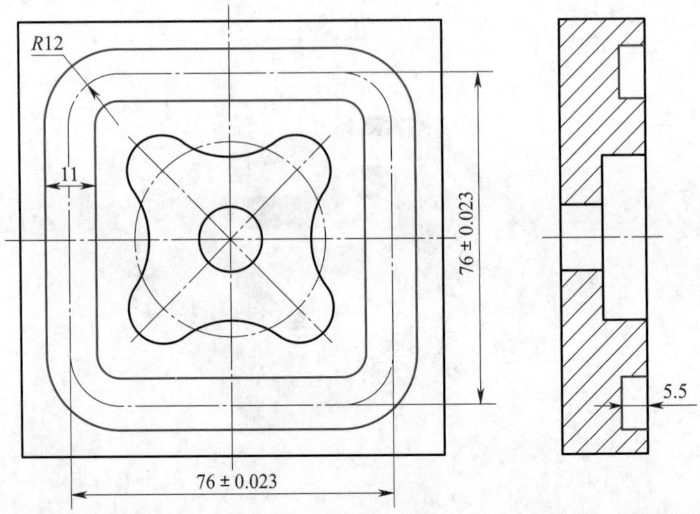

续表

工序	加工内容	图示
4. 精加工 $12_{\ 0}^{+0.043}$ mm 宽的凹槽	用 ϕ 10 mm 的平底铣刀精加工 $12_{\ 0}^{+0.043}$ mm 宽的凹槽，保证尺寸精度、几何精度和表面粗糙度符合加工要求	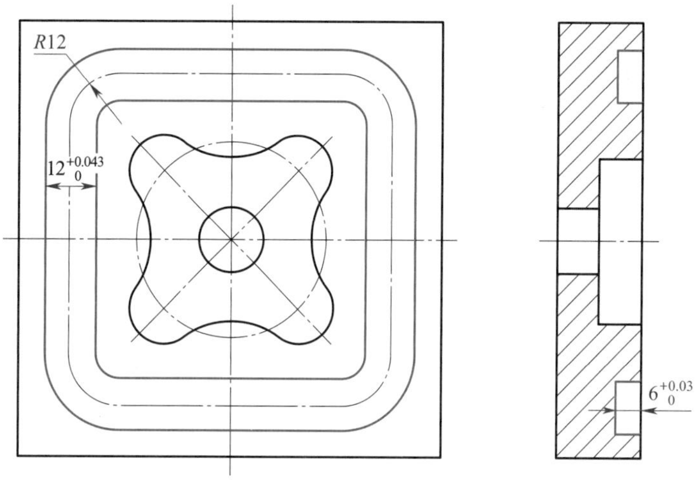
5. 精加工凹模异形内轮廓	用 ϕ 8 mm 的平底铣刀精加工凹模异形内轮廓，保证尺寸精度和表面粗糙度符合加工要求	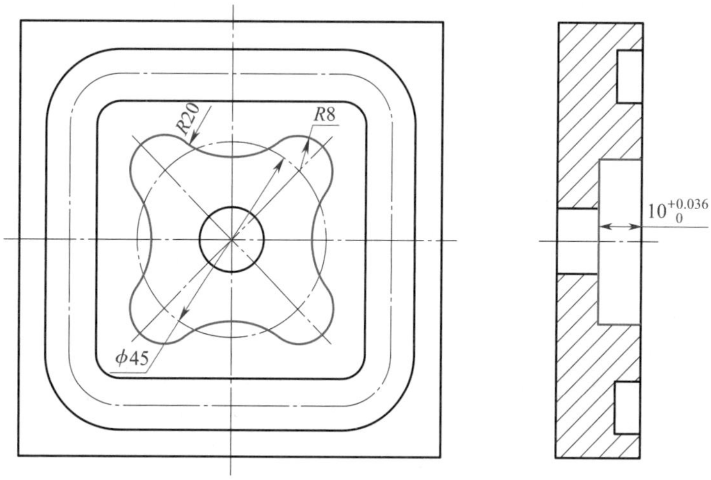
6. 精加工 ϕ 15H7 孔	用 ϕ 8 mm 的平底铣刀精加工 ϕ 15H7 孔至尺寸要求，保证表面粗糙度符合加工要求	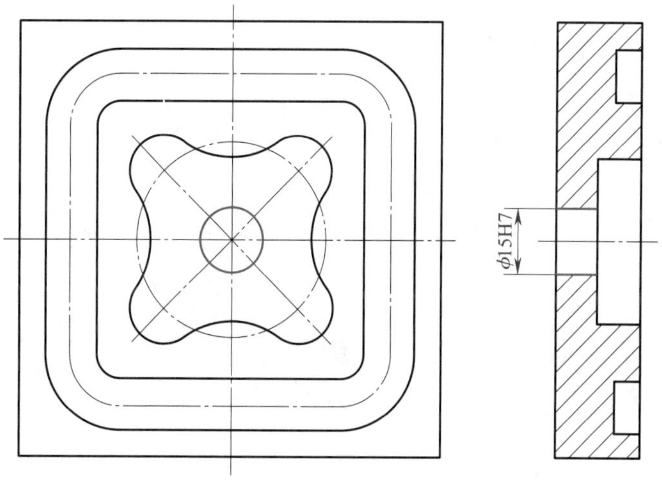
7. 检验	按零件图尺寸进行检验	

三、加工质量检测

表 5-2 为凹模加工质量检测表。

表 5-2 凹模加工质量检测表

序号	考核项目	配分	考核内容及要求	评分标准	检测结果	得分
1	主要尺寸 （62分）	4×2	$R8$ mm（4处）	超差不得分		
2		4×2	$R12$ mm（4处）	超差不得分		
3		4×2	$R20$ mm（4处）	超差不得分		
4		2×4	（76±0.023）mm（2处）	超差不得分		
5		8	$12^{+0.043}_{0}$ mm	超差不得分		
6		4	$10^{+0.036}_{0}$ mm	超差不得分		
7		4	$6^{+0.03}_{0}$ mm	超差不得分		
8		4	$\phi 15H7$	超差不得分		
9		5	⟐ 0.05 A	超差不得分		
10		5	⟐ 0.05 B	超差不得分		
11	次要尺寸 （10分）	4	$\phi 45$ mm	超差不得分		
12		2×2	$100^{0}_{-0.054}$ mm（2处）	超差不得分		
13		2	$20^{0}_{-0.033}$ mm	超差不得分		
14	表面粗糙度 （16分）	2×2	$Ra3.2 \mu m$（2处）	降级不得分		
15		4×3	$Ra1.6 \mu m$（4处）	降级不得分		
16	主观评分 （9分）	3	已加工零件倒钝锐边、去毛刺符合图样要求，否则不得分			
17		3	已加工零件无划伤、碰伤和夹伤，否则不得分			
18		3	已加工零件与图样外形一致，否则不得分			
19	更换或添加毛坯 （3分）	3	更换或添加毛坯不得分			
20	职业素养		能正确穿戴工作服、工作鞋、安全帽和防护眼镜等个人防护用品。每违反一项倒扣2分			
21			能规范使用设备、工具、量具和辅具。每违反操作规范一次倒扣2分			
22			能做好设备清理、保养工作。未清理或未保养倒扣3分，清理或保养不彻底倒扣2分			
	总配分	100	总得分			

凸模的数控铣床加工

一、工作任务描述

某企业接到一批凸模（图 6-1）的加工订单，数量为 5 件，来料加工，材料为 45 钢，毛坯尺寸为 105 mm × 105 mm × 25 mm，工期为 5 天。生产部门安排数控铣工组完成此零件的加工。

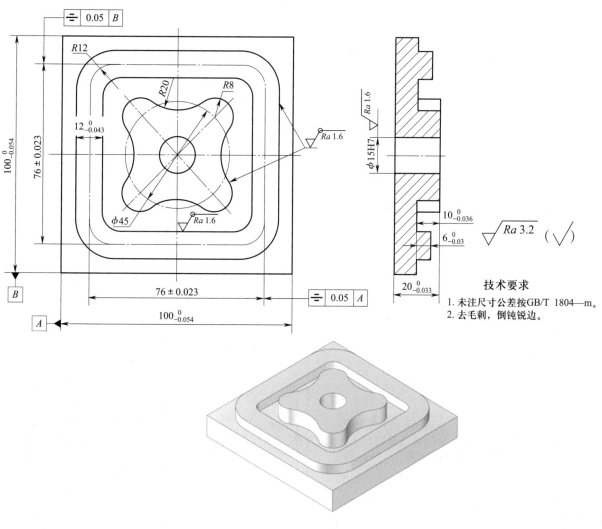

技术要求
1. 未注尺寸公差按GB/T 1804—m。
2. 去毛刺，倒钝锐边。

图 6-1　凸模

二、加工工艺过程

凸模的加工工艺过程见表6-1。

表 6-1　　　　　　　　　　　　　凸模的加工工艺过程

工序	工步	加工内容	图示
1. 粗、精加工四方体		用面铣刀粗、精加工四方体六个面至尺寸要求	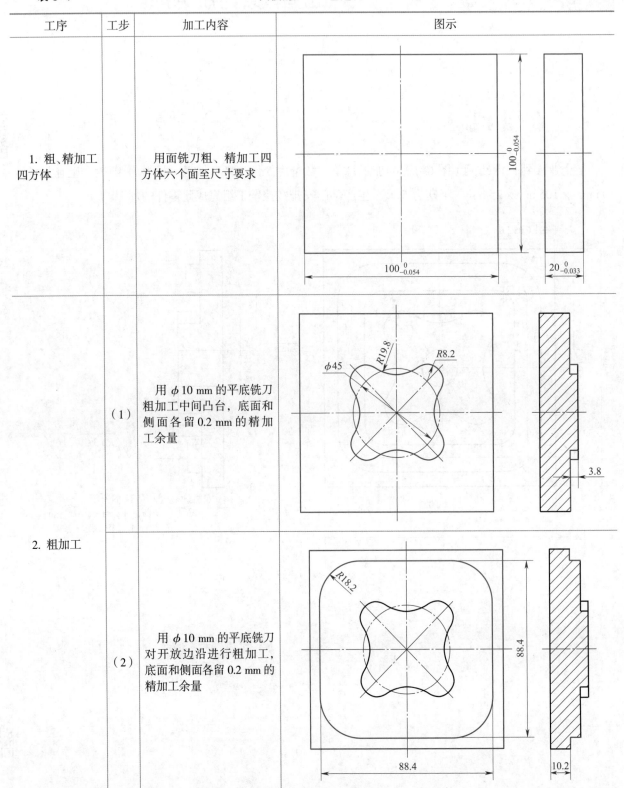
2. 粗加工	（1）	用 $\phi 10$ mm 的平底铣刀粗加工中间凸台，底面和侧面各留 0.2 mm 的精加工余量	
	（2）	用 $\phi 10$ mm 的平底铣刀对开放边沿进行粗加工，底面和侧面各留 0.2 mm 的精加工余量	

续表

工序	工步	加工内容	图示
2. 粗加工	（3）	用 $\phi 6\,mm$ 的平底铣刀对内部封闭轮廓进行粗加工，底面和侧面各留 0.2 mm 的精加工余量	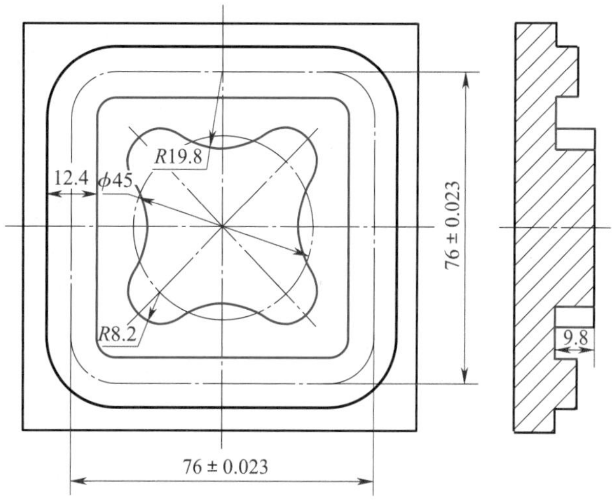
	（4）	用 $\phi 14.8\,mm$ 的麻花钻钻 $\phi 15H7$ 孔的底孔	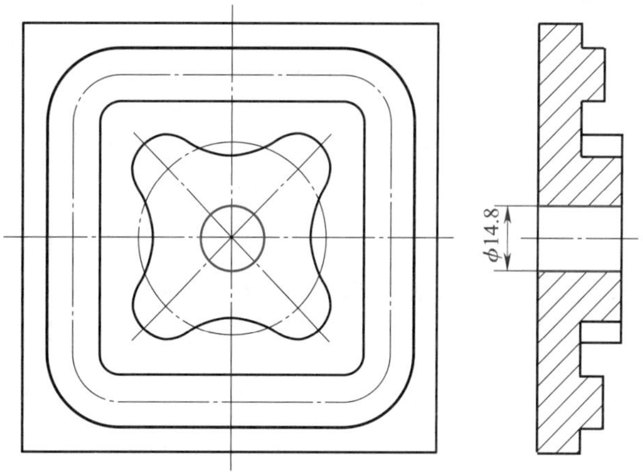
3. 精加工	（1）	用 $\phi 10\,mm$ 的平底铣刀精加工外凸台上平面至加工要求	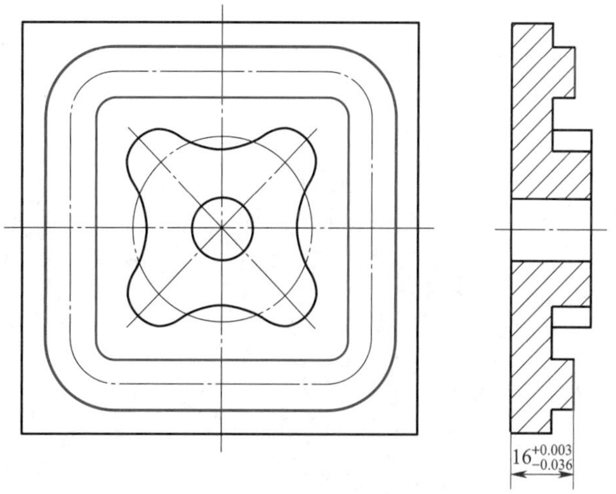

工序	工步	加工内容	图示
3. 精加工	（2）	用 ϕ10 mm 的平底铣刀精加工开放边沿轮廓及底面至加工要求	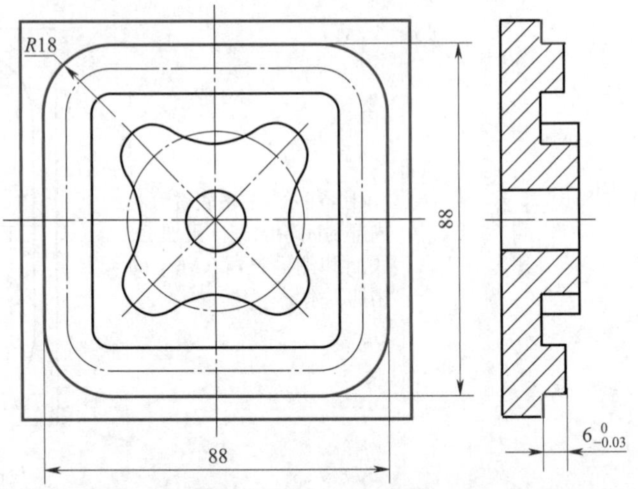
	（3）	用 ϕ6 mm 的平底铣刀精加工内部封闭轮廓至加工要求	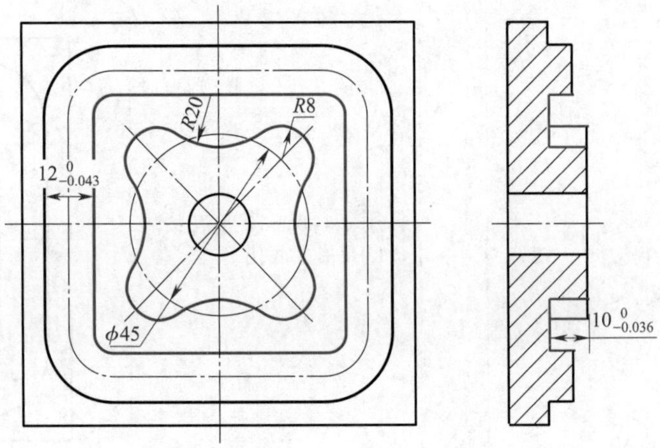
	（4）	用 ϕ15H7 铰刀铰 ϕ15H7 孔至加工要求	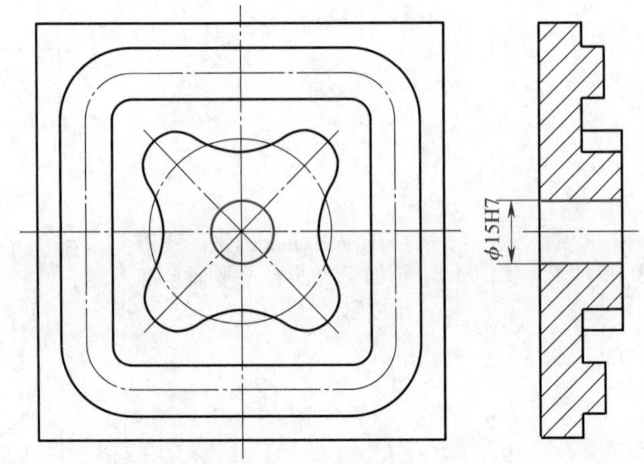
4. 检验		按零件图尺寸进行检验	

三、加工质量检测

表 6-2 为凸模加工质量检测表。

表 6-2   凸模加工质量检测表

序号	考核项目	配分	考核内容及要求	评分标准	检测结果	得分
1	主要尺寸 （49分）	2×5	$100_{-0.054}^{0}$ mm（2 处）	超差不得分		
2		2×5	（76 ± 0.023）mm（2 处）	超差不得分		
3		4	$12_{-0.043}^{0}$ mm	超差不得分		
4		4	$6_{-0.03}^{0}$ mm	超差不得分		
5		4	$10_{-0.036}^{0}$ mm	超差不得分		
6		4	$20_{-0.033}^{0}$ mm	超差不得分		
7		5	$\phi 15H7$（$\phi 15_{0}^{+0.018}$ mm）	超差不得分		
8		4	⏥ 0.05 A	超差不得分		
9		4	⏥ 0.05 B	超差不得分		
10	次要尺寸 （26分）	2	$\phi 45$ mm	超差不得分		
11		4×2	$R8$ mm（4 处）	超差不得分		
12		4×2	$R12$ mm（4 处）	超差不得分		
13		4×2	$R20$ mm（4 处）	超差不得分		
14	表面粗糙度 （13分）	9×1	$Ra3.2$ μm（9 处）	降级不得分		
15		4×1	$Ra1.6$ μm（4 处）	降级不得分		
16	主观评分 （9分）	3	已加工零件倒钝锐边、去毛刺符合图样要求，否则不得分			
17		3	已加工零件无划伤、碰伤和夹伤，否则不得分			
18		3	已加工零件与图样外形一致，否则不得分			
19	更换或添加毛坯 （3分）	3	更换或添加毛坯不得分			
20	职业素养		能正确穿戴工作服、工作鞋、安全帽和防护眼镜等个人防护用品。每违反一项倒扣 2 分			
21			能规范使用设备、工具、量具和辅具。每违反操作规范一次倒扣 2 分			
22			能做好设备清理、保养工作。未清理或未保养倒扣 3 分，清理或保养不彻底倒扣 2 分			
	总配分	100	总得分			

一、工作任务描述

某企业接到一批十字槽底板（图 7-1）的加工订单，数量为 5 件，来料加工，材料为 45 钢，毛坯尺寸为 90 mm×80 mm×24 mm（四方体已加工），工期为 5 天。生产部门安排数控铣工组完成此零件的加工。

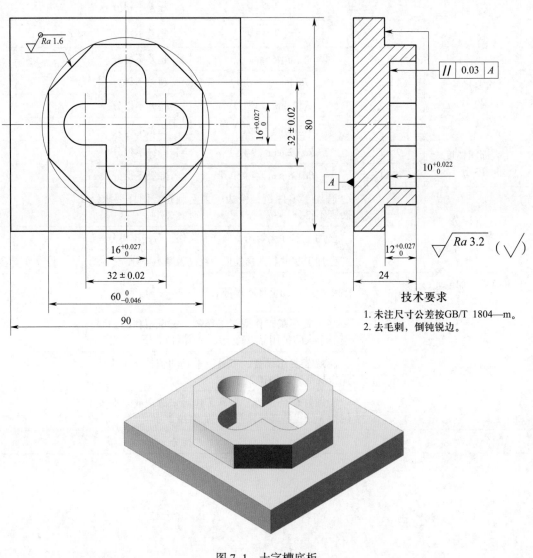

技术要求

1. 未注尺寸公差按GB/T 1804—m。
2. 去毛刺，倒钝锐边。

图 7-1　十字槽底板

二、加工工艺过程

十字槽底板的加工工艺过程见表 7-1。

表 7-1　　　　　　　　　　　　　　十字槽底板的加工工艺过程

工序	加工内容	图示
1. 粗加工正八边形凸台	采用 $\phi 16$ mm 的平底铣刀粗加工 $12_0^{+0.027}$ mm 高的正八边形凸台，底面和侧面各留 0.5 mm 的精加工余量	
2. 粗加工十字凹槽	采用 $\phi 6$ mm 的平底铣刀粗加工 $10_0^{+0.022}$ mm 深的十字凹槽，底面和侧面各留 0.5 mm 的精加工余量	
3. 精加工正八边形凸台	采用 $\phi 10$ mm 的平底铣刀精加工正八边形凸台底面和侧面，保证尺寸精度、几何精度和表面粗糙度符合加工要求	

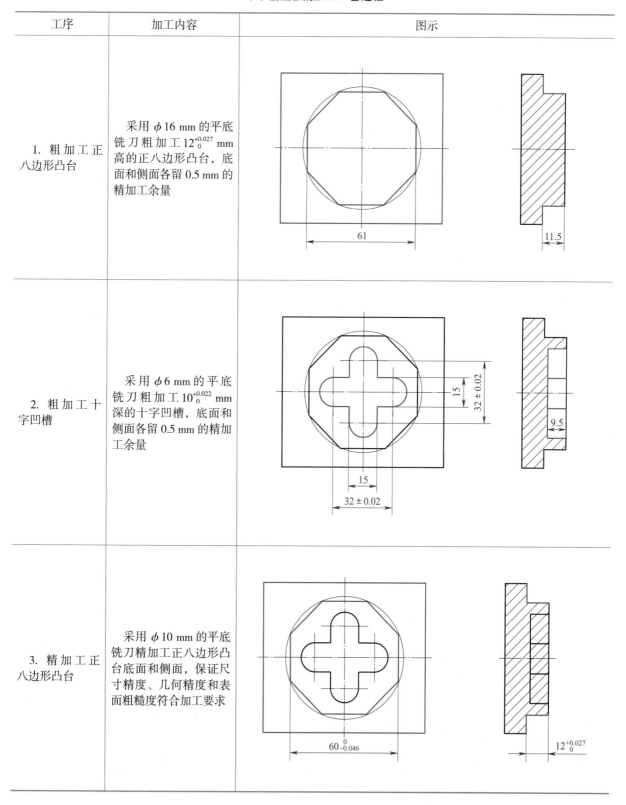

续表

工序	加工内容	图示
4. 精加工十字凹槽	采用 $\phi 6$ mm 的平底铣刀精加工十字凹槽底面和侧面，保证尺寸精度、几何精度和表面粗糙度符合加工要求	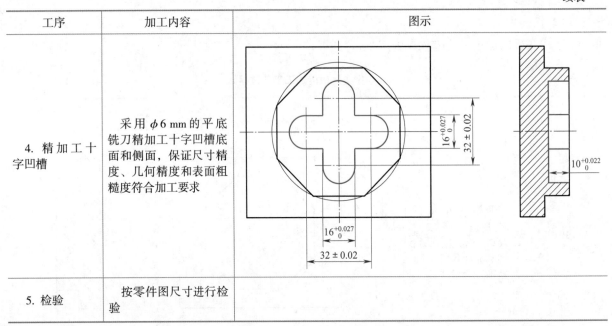
5. 检验	按零件图尺寸进行检验	

三、加工质量检测

表 7-2 为十字槽底板加工质量检测表。

表 7-2   十字槽底板加工质量检测表

序号	考核项目	配分	考核内容及要求	评分标准	检测结果	得分
1	主要尺寸（64分）	4×5	$60_{-0.046}^{0}$ mm（4处）	超差不得分		
2		2×5	（32±0.02）mm（2处）	超差不得分		
3		4×5	$16_{0}^{+0.027}$ mm（4处）	超差不得分		
4		5	$10_{0}^{+0.022}$ mm	超差不得分		
5		5	$12_{0}^{+0.027}$ mm	超差不得分		
6		2×2	⫽ 0.03 A （2处）	超差不得分		
7	次要尺寸（6分）	2	90 mm	超差不得分		
8		2	80 mm	超差不得分		
9		2	24 mm	超差不得分		
10	表面粗糙度（18分）	6×1	$Ra3.2$ μm（6处）	降级不得分		
11		8×1.5	$Ra1.6$ μm（8处）	降级不得分		
12	主观评分（9分）	3	已加工零件倒钝锐边、去毛刺符合图样要求，否则不得分			
13		3	已加工零件无划伤、碰伤和夹伤，否则不得分			
14		3	已加工零件与图样外形一致，否则不得分			
15	更换或添加毛坯（3分）	3	更换或添加毛坯不得分			

续表

序号	考核项目	配分	考核内容及要求	评分标准	检测结果	得分
16	职业素养		能正确穿戴工作服、工作鞋、安全帽和防护眼镜等个人防护用品。每违反一项倒扣 2 分			
17			能规范使用设备、工具、量具和辅具。每违反操作规范一次倒扣 2 分			
18			能做好设备清理、保养工作。未清理或未保养倒扣 3 分，清理或保养不彻底倒扣 2 分			
	总配分	100	总得分			

学习任务 8　十字凹形板的数控铣床加工

一、工作任务描述

某企业接到一批十字凹形板（图 8-1）的加工订单，数量为 30 件，来料加工，材料为 45 钢，毛坯尺寸为 105 mm × 105 mm × 25 mm，工期为 5 天。生产部门安排数控铣工组完成此零件的加工。

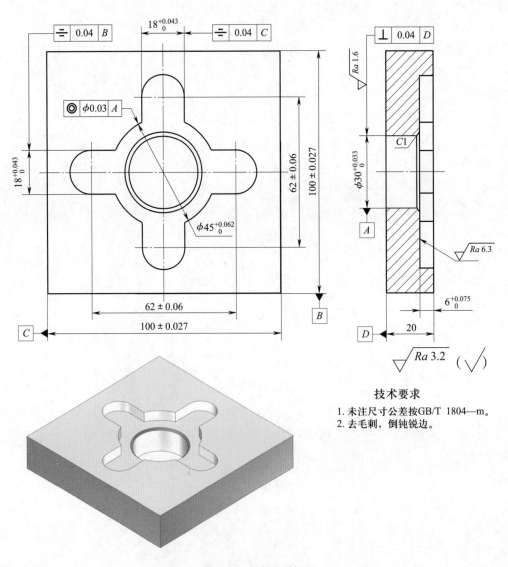

图 8-1　十字凹形板

二、加工工艺过程

十字凹形板的加工工艺过程见表 8-1。

表 8-1   十字凹形板的加工工艺过程

工序	工步	加工内容	图示
1. 粗、精加工四方体		用面铣刀粗、精加工四方体六个面至尺寸要求	
2. 粗加工内轮廓和孔	（1）	用 $\phi 10$ mm 平底铣刀粗加工内轮廓，底面和侧面各留 0.2 mm 的精加工余量	
	（2）	用 $\phi 10$ mm 平底铣刀粗加工 $\phi 30_{0}^{+0.033}$ mm 孔至 $\phi 29.6$ mm	

工序	工步	加工内容	图示
3. 精加工内轮廓和孔	（1）	用 $\phi 10$ mm 平底铣刀精加工内轮廓至尺寸精度、几何精度和表面粗糙度要求	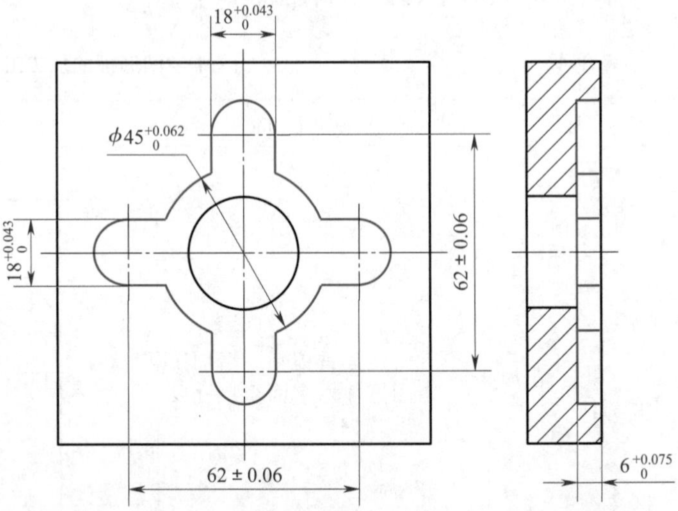
	（2）	用 $\phi 10$ mm 平底铣刀精加工 $\phi 30_{0}^{+0.033}$ mm 孔至尺寸要求和表面粗糙度要求	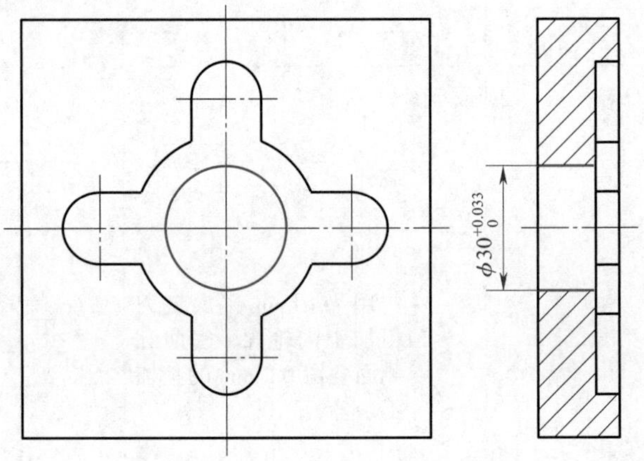
	（3）	用倒角刀加工 C1 mm 倒角	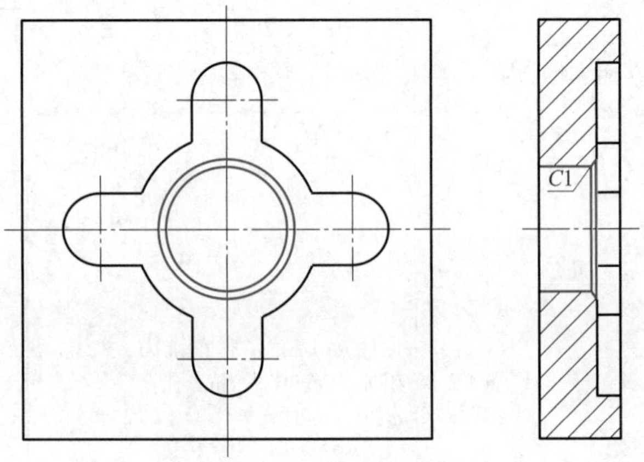
4. 检验		按零件图尺寸进行检验	

三、加工质量检测

表 8-2 为十字凹形板加工质量检测表。

表 8-2　　　　　　　　　　　　　　十字凹形板加工质量检测表

序号	考核项目	配分	考核内容及要求	评分标准	检测结果	得分
1	主要尺寸 （75 分）	2×5	(100 ± 0.027) mm（2 处）	超差不得分		
2		2×5	(62 ± 0.06) mm（2 处）	超差不得分		
3		4×5	$18_{0}^{+0.043}$ mm（4 处）	超差不得分		
4		5	$6_{0}^{+0.075}$ mm	超差不得分		
5		5	$\phi 45_{0}^{+0.062}$ mm	超差不得分		
6		5	$\phi 30_{0}^{+0.033}$ mm	超差不得分		
7		5	⊥ | 0.04 | D	超差不得分		
8		5	＝ | 0.04 | B	超差不得分		
9		5	＝ | 0.04 | C	超差不得分		
10		5	◎ | $\phi 0.03$ | A	超差不得分		
11	次要尺寸 （3 分）	3	20 mm	超差不得分		
12	表面粗糙度 （10 分）	2	$Ra1.6$ μm	降级不得分		
		14×0.5	$Ra3.2$ μm（14 处）	降级不得分		
13		1	$Ra6.3$ μm	降级不得分		
14	主观评分 （9 分）	3	已加工零件倒钝锐边、去毛刺符合图样要求，否则不得分			
15		3	已加工零件无划伤、碰伤和夹伤，否则不得分			
16		3	已加工零件与图样外形一致，否则不得分			
17	更换或添加毛坯 （3 分）	3	更换或添加毛坯不得分			
18	职业素养		能正确穿戴工作服、工作鞋、安全帽和防护眼镜等个人防护用品。每违反一项倒扣 2 分			
19			能规范使用设备、工具、量具和辅具。每违反操作规范一次倒扣 2 分			
20			能做好设备清理、保养工作。未清理或未保养倒扣 3 分，清理或保养不彻底倒扣 2 分			
	总配分	100	总得分			

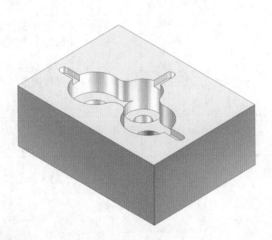

学习任务 9　　　　　配油盘的数控铣床加工

一、工作任务描述

某企业接到一批配油盘（图 9-1）的加工订单，数量为 30 件，来料加工，材料为 45 钢，毛坯尺寸为 85 mm × 65 mm × 35 mm，工期为 5 天。生产部门安排数控铣工组完成此零件的加工。

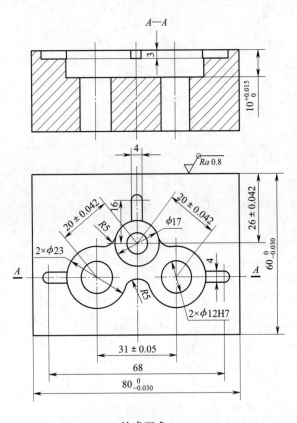

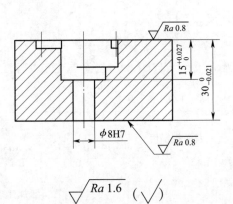

技术要求

1. 未注尺寸公差按GB/T 1804—m。
2. 去毛刺，倒钝锐边。

图 9-1　配油盘

二、加工工艺过程

配油盘的加工工艺过程见表 9-1。

表 9-1　　　　　　　　　　　　　　　　　配油盘的加工工艺过程

工序	工步	加工内容	图示
1. 粗、精加工四方体		用面铣刀粗、精加工毛坯六个面至尺寸要求	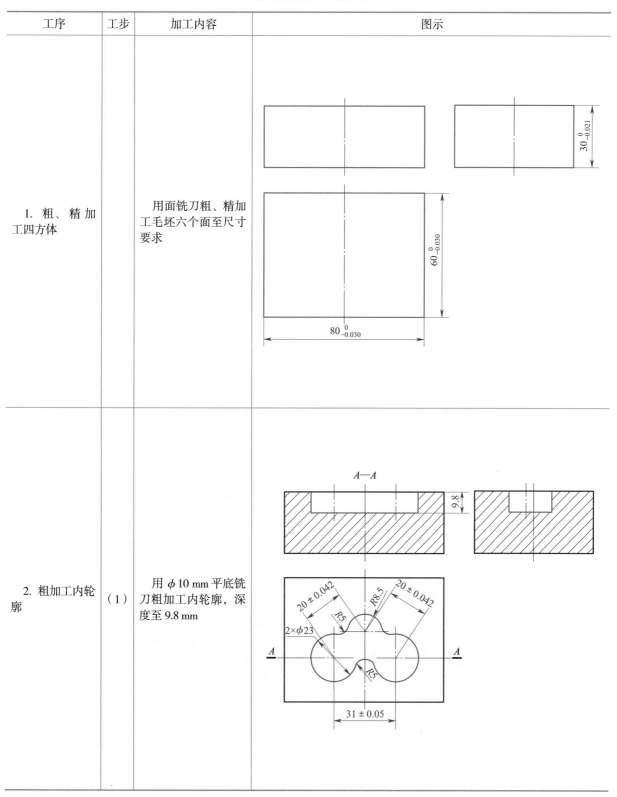
2. 粗加工内轮廓	（1）	用 $\phi 10\,mm$ 平底铣刀粗加工内轮廓，深度至 9.8 mm	

续表

工序	工步	加工内容	图示
2. 粗加工内轮廓	（2）	用 $\phi 4$ mm 的键槽铣刀加工 4 mm 宽的窄槽，深度至 3 mm	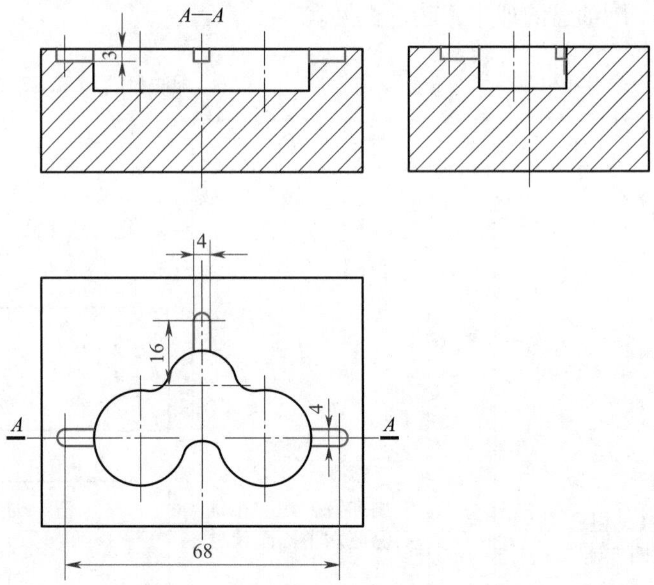
	（3）	用 $\phi 8$ mm 的平底铣刀粗加工 $\phi 17$ mm 孔，深度至 14.8 mm	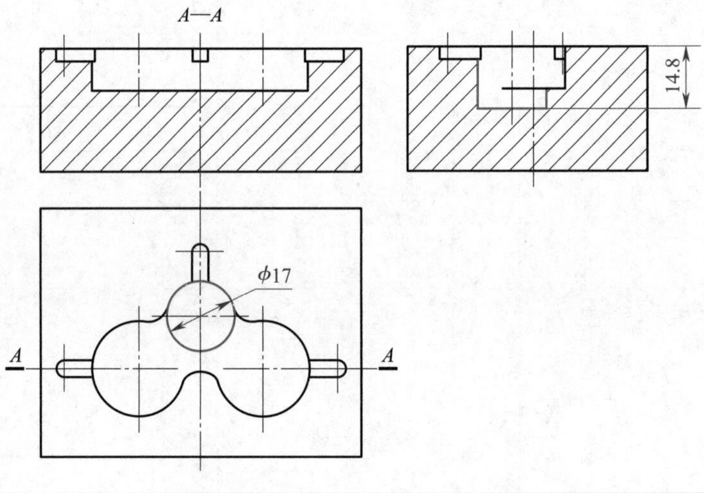
3. 精加工内轮廓	（1）	用 $\phi 10$ mm 平底铣刀精加工内轮廓至尺寸要求	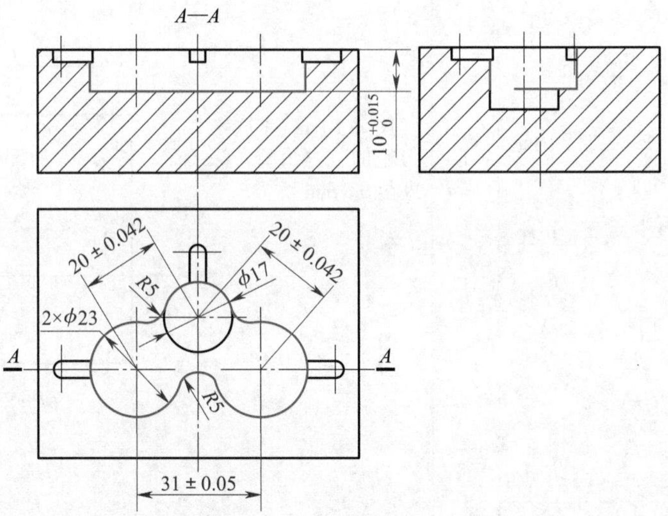

续表

工序	工步	加工内容	图示
3. 精加工内轮廓	（2）	用 $\phi 8\,\text{mm}$ 的平底铣刀精加工 $\phi 17\,\text{mm}$ 孔至尺寸要求	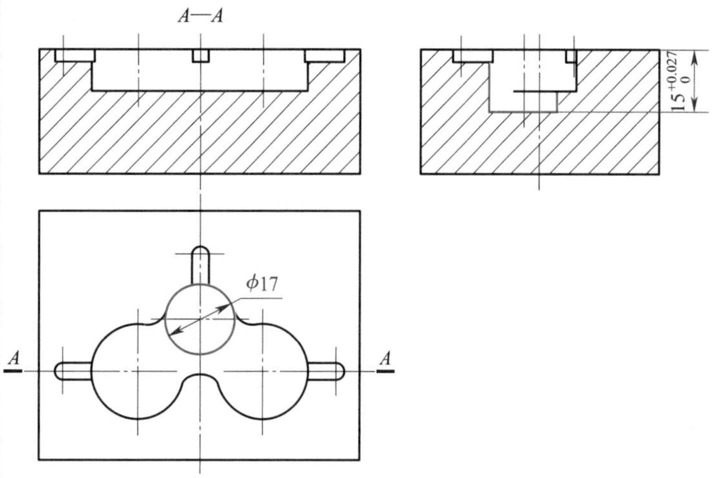
4. 加工孔	（1）	用 $\phi 7.8\,\text{mm}$ 的麻花钻钻 $\phi 8\text{H7}$ 孔的底孔	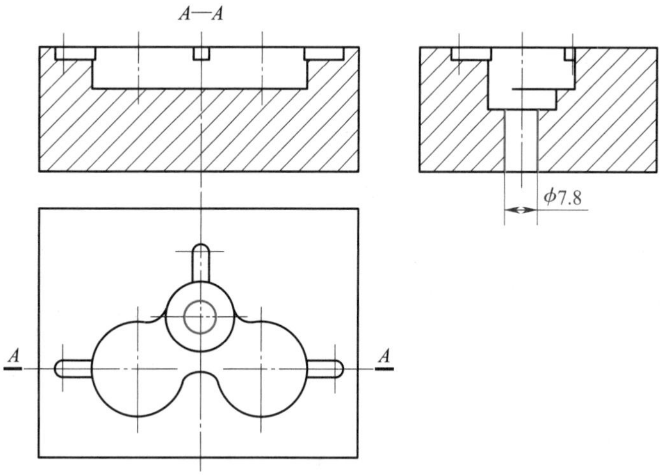
	（2）	用 $\phi 11.8\,\text{mm}$ 的麻花钻钻 $\phi 12\text{H7}$ 孔的底孔	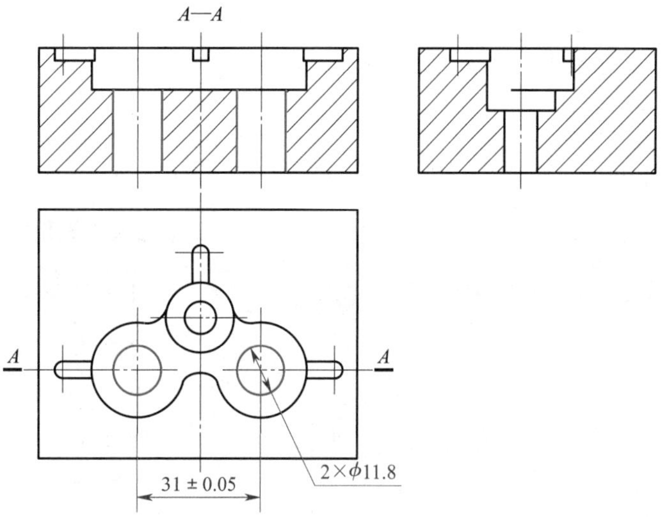

工序	工步	加工内容	图示
4. 加工孔	（3）	用 $\phi 8H7$ 的铰刀铰 $\phi 8H7$ 孔至尺寸要求	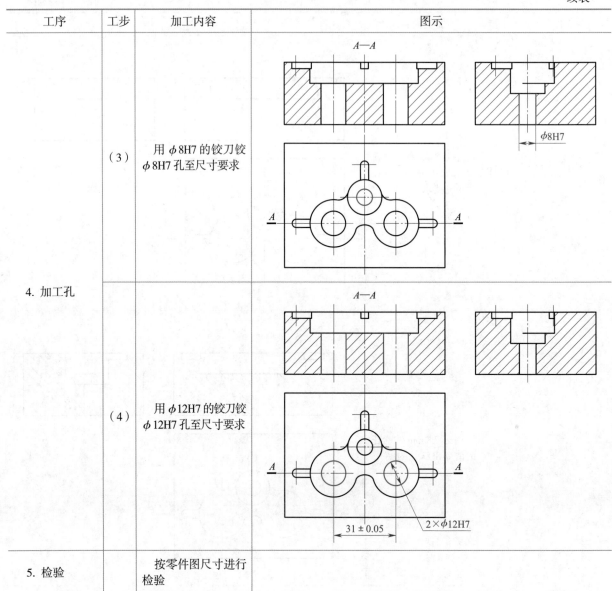
	（4）	用 $\phi 12H7$ 的铰刀铰 $\phi 12H7$ 孔至尺寸要求	
5. 检验		按零件图尺寸进行检验	

三、加工质量检测

表 9-2 为配油盘加工质量检测表。

表 9-2　　　　　　　　　　**配油盘加工质量检测表**

序号	考核项目	配分	考核内容及要求	评分标准	检测结果	得分
1	主要尺寸（51分）	4	$80_{-0.030}^{0}$ mm	超差不得分		
2		4	$60_{-0.030}^{0}$ mm	超差不得分		
3		4	$10_{0}^{+0.015}$ mm	超差不得分		
4		3	68 mm	超差不得分		
5		4	(26 ± 0.042) mm	超差不得分		

续表

序号	考核项目	配分	考核内容及要求	评分标准	检测结果	得分
6		2×4	(20 ± 0.042) mm（2处）	超差不得分		
7		4	(31 ± 0.05) mm	超差不得分		
8		2×4	$\phi 12H7$（2处）	超差不得分		
9		3	$\phi 8H7$	超差不得分		
10		3	$15^{+0.027}_{0}$ mm	超差不得分		
11		3	$30^{0}_{-0.021}$ mm	超差不得分		
12		3	16 mm	超差不得分		
13	次要尺寸 （20分）	2	$\phi 17$ mm	超差不得分		
14		2×2	$\phi 23$ mm（2处）	超差不得分		
15		2	3 mm	超差不得分		
16		3×2	4 mm（3处）	超差不得分		
17		3×2	$R5$ mm（3处）	超差不得分		
18	表面粗糙度 （17分）	6×2	$Ra0.8\ \mu m$（6处）	降级不得分		
19		10×0.5	$Ra1.6\ \mu m$（10处）	降级不得分		
20	主观评分 （9分）	3	已加工零件倒钝锐边、去毛刺符合图样要求，否则不得分			
21		3	已加工零件无划伤、碰伤和夹伤，否则不得分			
22		3	已加工零件与图样外形一致，否则不得分			
23	更换或添加毛坯 （3分）	3	更换或添加毛坯不得分			
24	职业素养		能正确穿戴工作服、工作鞋、安全帽和防护眼镜等个人防护用品。每违反一项倒扣2分			
25			能规范使用设备、工具、量具和辅具。每违反操作规范一次倒扣2分			
26			能做好设备清理、保养工作。未清理或未保养倒扣3分，清理或保养不彻底倒扣2分			
	总配分	100	总得分			

学习任务 10　支承座的数控铣床加工

一、工作任务描述

某企业接到一批支承座（图 10-1）的加工订单，数量为 30 件，来料加工，材料为 45 钢，毛坯尺寸为 105 mm × 105 mm × 35 mm，工期为 5 天。生产部门安排数控铣工组完成此零件的加工。

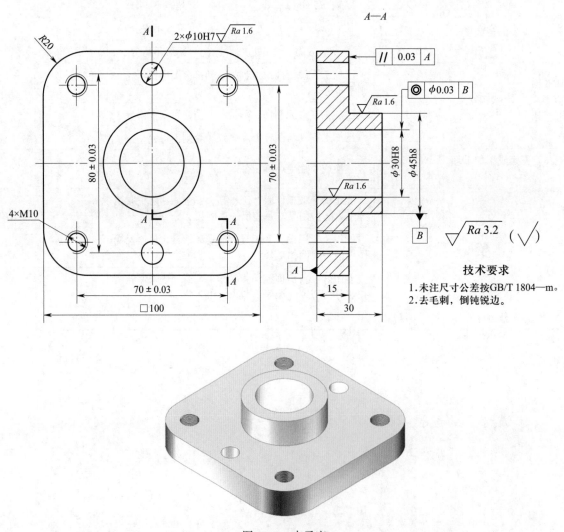

图 10-1　支承座

二、加工工艺过程

支承座的加工工艺过程见表 10–1。

表 10–1　　　　　　　　　　　　　　支承座的加工工艺过程

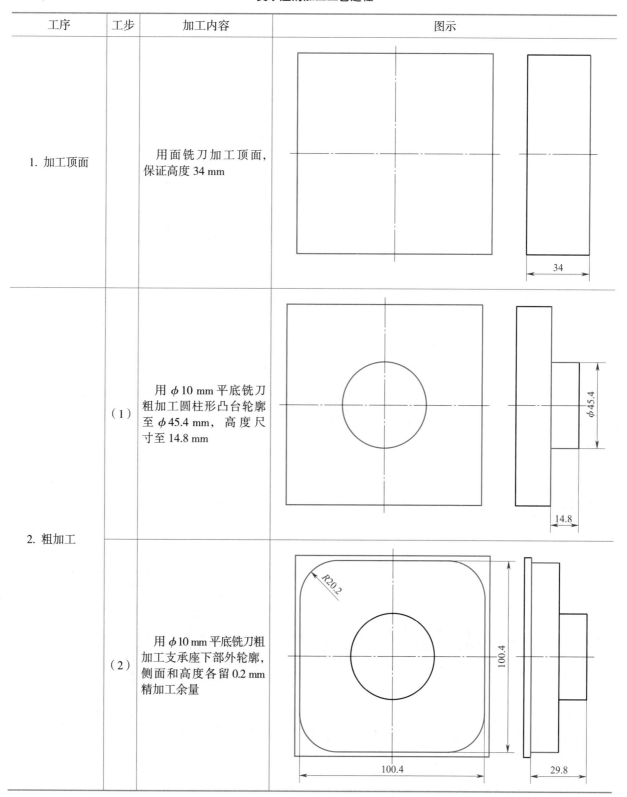

工序	工步	加工内容	图示
1. 加工顶面		用面铣刀加工顶面，保证高度 34 mm	
2. 粗加工	（1）	用 ϕ 10 mm 平底铣刀粗加工圆柱形凸台轮廓至 ϕ 45.4 mm，高度尺寸至 14.8 mm	
	（2）	用 ϕ 10 mm 平底铣刀粗加工支承座下部外轮廓，侧面和高度各留 0.2 mm 精加工余量	

工序	工步	加工内容	图示
2. 粗加工	（3）	用 ϕ 10 mm 平底铣刀螺旋下刀粗加工 ϕ 30H8 孔至 ϕ 29.6 mm	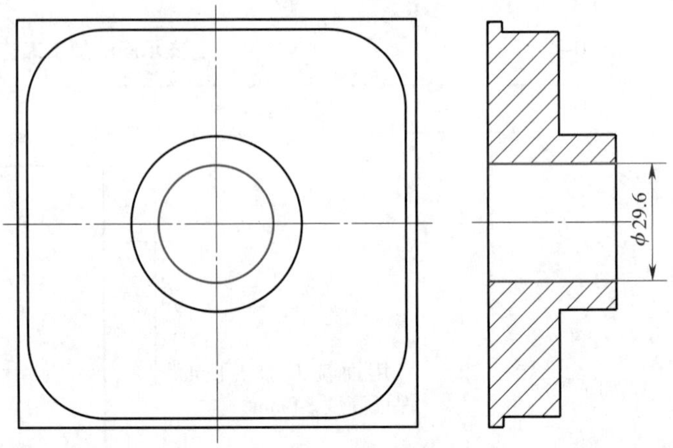
3. 精加工	（1）	用 ϕ 10 mm 平底铣刀精加工圆形凸台及底面至尺寸要求	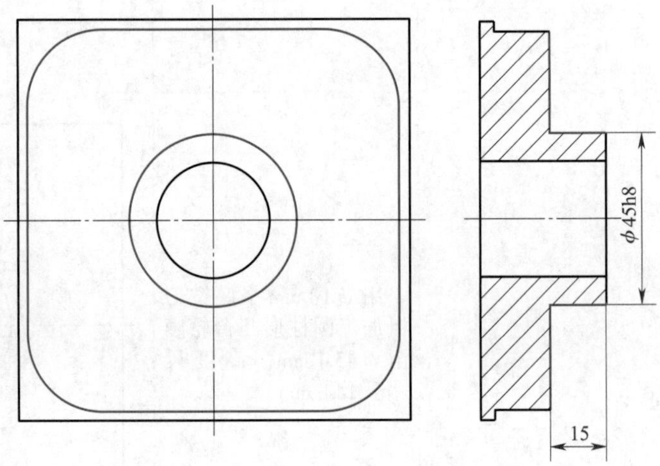
	（2）	用 ϕ 10 mm 平底铣刀精加工支承座下部轮廓及底面至尺寸要求	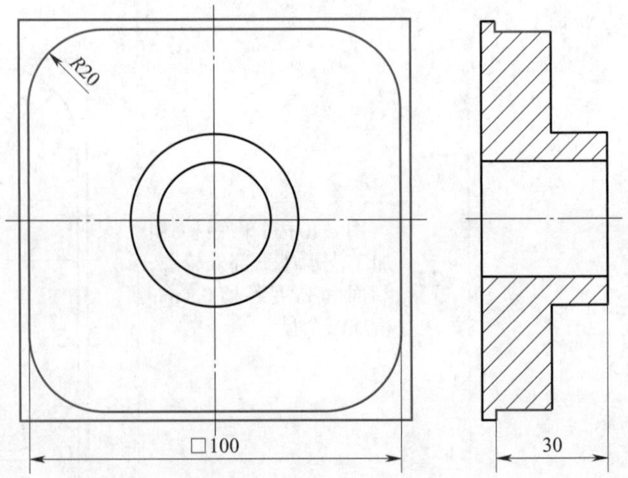

续表

工序	工步	加工内容	图示
3. 精加工	（3）	用 ϕ25 mm 精镗刀精加工 ϕ30H8 孔至尺寸要求	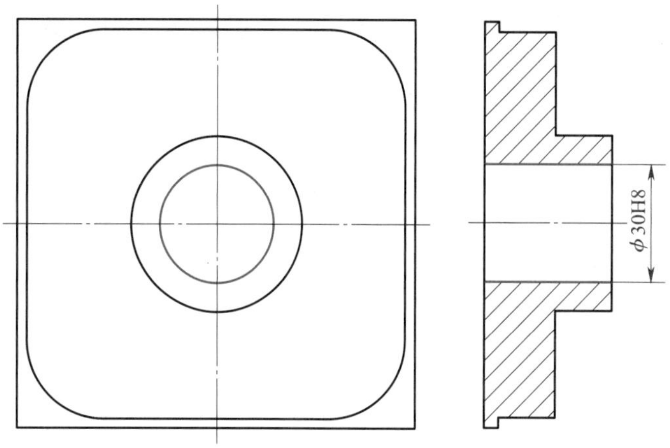
4. 加工孔	（1）	用 ϕ9.8 mm 麻花钻钻 ϕ10H7 孔的底孔	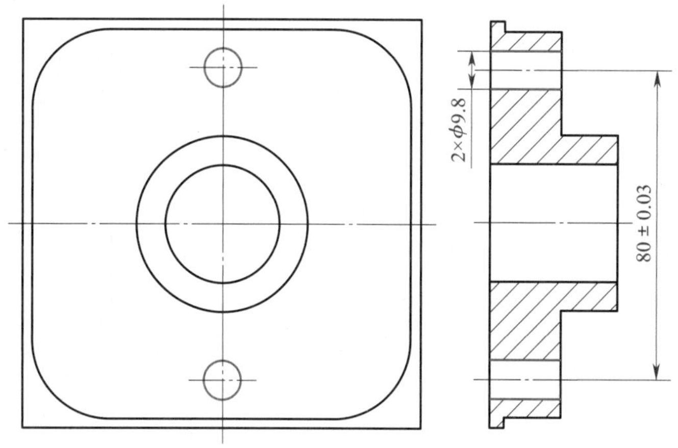
	（2）	用 ϕ8.5 mm 麻花钻钻 4 个 M10 螺纹孔的底孔	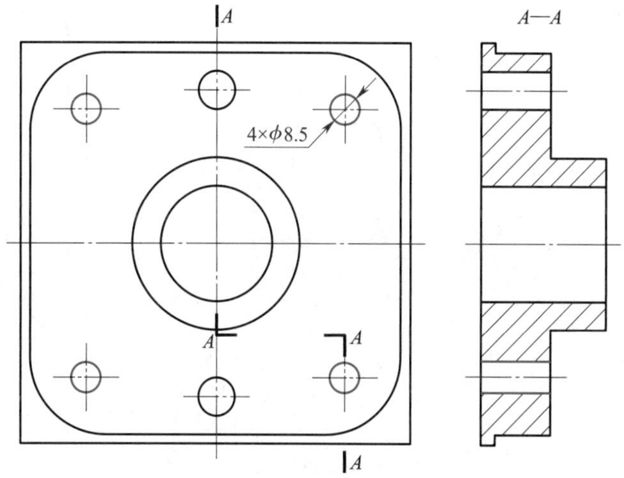

工序	工步	加工内容	图示
4. 加工孔	（3）	用 M10 丝锥攻 4 处 M10 螺纹	
	（4）	用 ϕ10H7 铰刀铰 ϕ10H7 孔至尺寸要求	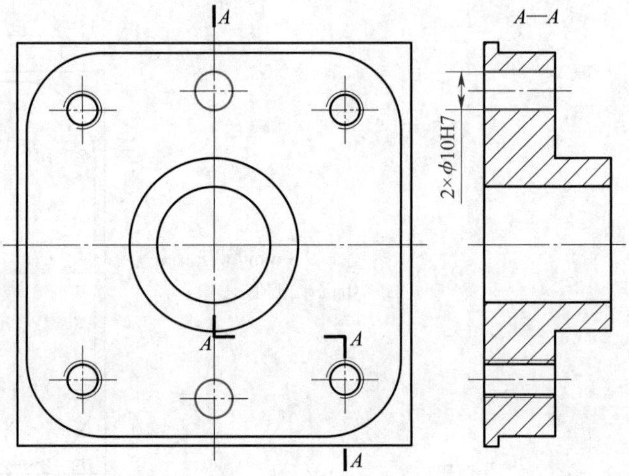
5. 加工底面		将工件翻面装夹，用面铣刀粗、精加工支承座底面，保证底面加工精度和工件高度尺寸要求	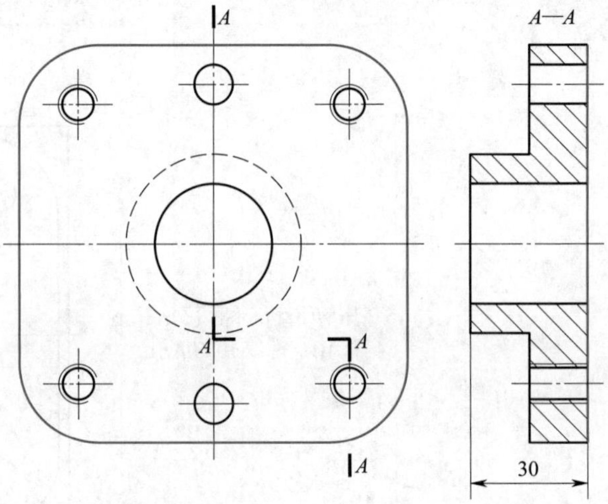
6. 检验		按零件图尺寸进行检验	

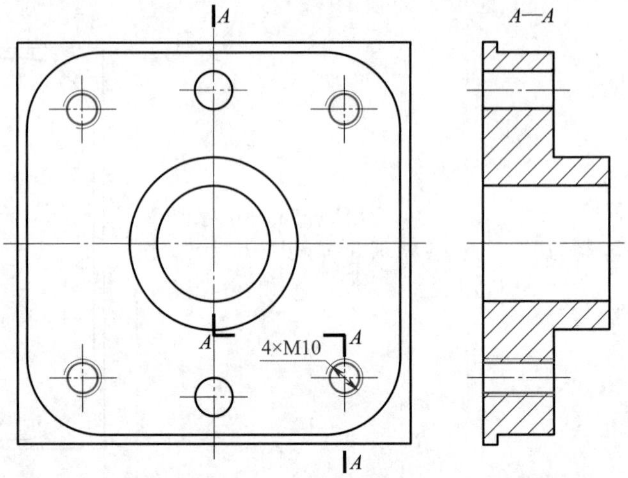

三、加工质量检测

表 10-2 为支承座加工质量检测表。

表 10-2　　　　　　　　　　　　支承座加工质量检测表

序号	考核项目	配分	考核内容及要求	评分标准	检测结果	得分
1	主要尺寸（66分）	2×3	100 mm（2 处）	超差不得分		
2		2×3	(70 ± 0.03) mm（2 处）	超差不得分		
3		4	(80 ± 0.03) mm	超差不得分		
4		4	$\phi 30H8$	超差不得分		
5		4	$\phi 45h8$	超差不得分		
6		4×4	$R20$ mm（4 处）	超差不得分		
7		4×3	M10（4 处）	超差不得分		
8		2×3	$\phi 10H7$（2 处）	超差不得分		
9		4	// 0.03 A	超差不得分		
10		4	◎ $\phi 0.03$ B	超差不得分		
11	次要尺寸（6分）	3	15 mm	超差不得分		
12		3	30 mm	超差不得分		
13	表面粗糙度（16分）	8×1	$Ra3.2 \mu m$（8 处）	降级不得分		
14		4×2	$Ra1.6 \mu m$（4 处）	降级不得分		
15	主观评分（9分）	3	已加工零件倒钝锐边、去毛刺符合图样要求，否则不得分			
16		3	已加工零件无划伤、碰伤和夹伤，否则不得分			
17		3	已加工零件与图样外形一致，否则不得分			
18	更换或添加毛坯（3分）	3	更换或添加毛坯不得分			
19	职业素养	倒扣分	能正确穿戴工作服、工作鞋、安全帽和防护眼镜等个人防护用品。每违反一项倒扣 2 分			
20			能规范使用设备、工具、量具和辅具。每违反操作规范一次倒扣 2 分			
21			能做好设备清理、保养工作。未清理或未保养倒扣 3 分，清理或保养不彻底倒扣 2 分			
	总配分	100	总得分			

一、工作任务描述

某企业接到一批槽轮（图 11-1）的加工订单，数量为 30 件，来料加工。材料为 2A04，毛坯尺寸为 95 mm × 95 mm × 23 mm，工期为 5 天。生产部门安排数控铣工组完成此零件的加工。

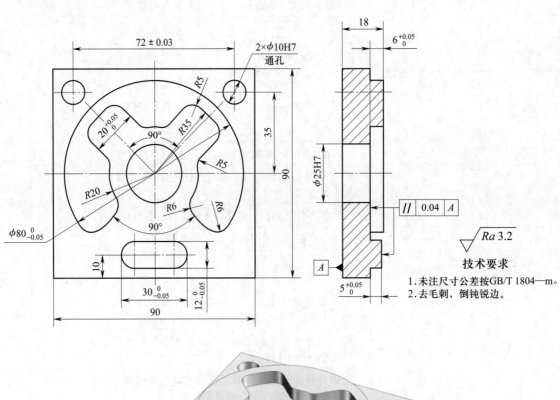

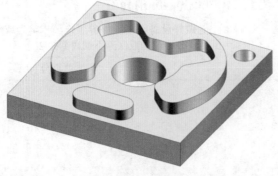

图 11-1　槽轮

二、加工工艺过程

槽轮的加工工艺过程见表 11-1。

表 11-1　　　　　　　　　　　　　　　槽轮的加工工艺过程

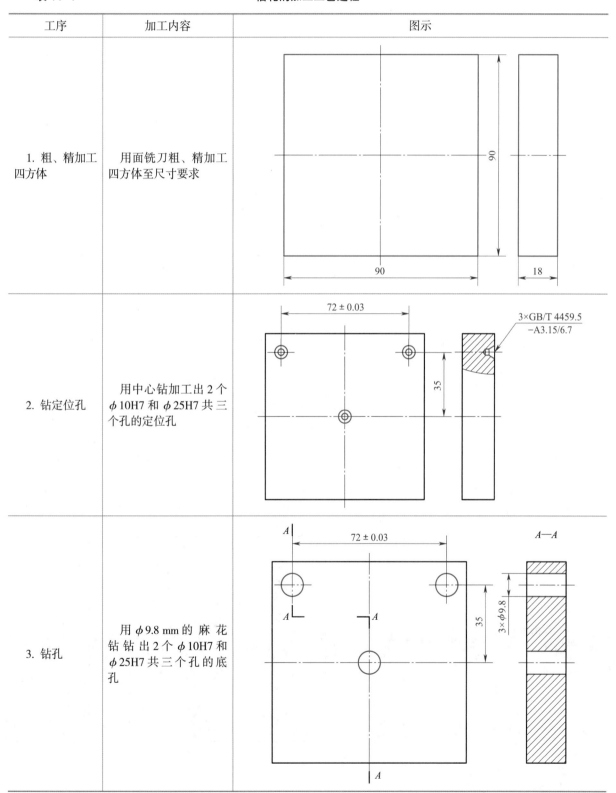

工序	加工内容	图示
1. 粗、精加工四方体	用面铣刀粗、精加工四方体至尺寸要求	
2. 钻定位孔	用中心钻加工出 2 个 $\phi 10H7$ 和 $\phi 25H7$ 共三个孔的定位孔	
3. 钻孔	用 $\phi 9.8\ mm$ 的麻花钻钻出 2 个 $\phi 10H7$ 和 $\phi 25H7$ 共三个孔的底孔	

工序	加工内容	图示
4. 铰孔	用 ϕ10H7 的铰刀铰 2 个 ϕ10H7 孔	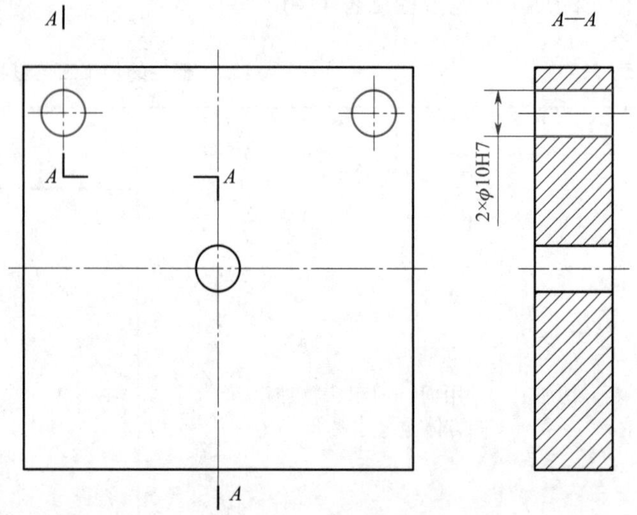
5. 加工 ϕ25H7 孔及槽轮内轮廓	用 ϕ10 mm 的平底铣刀分层铣削 ϕ25H7 孔及槽轮内轮廓	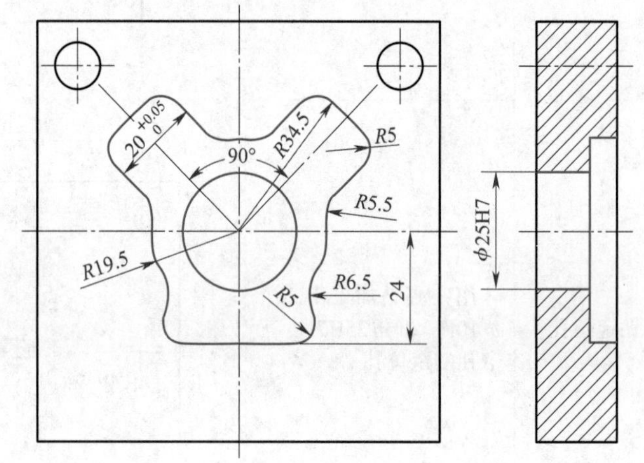
6. 加工槽轮内、外轮廓	用 ϕ10 mm 的平底铣刀分层铣削内、外轮廓至尺寸要求	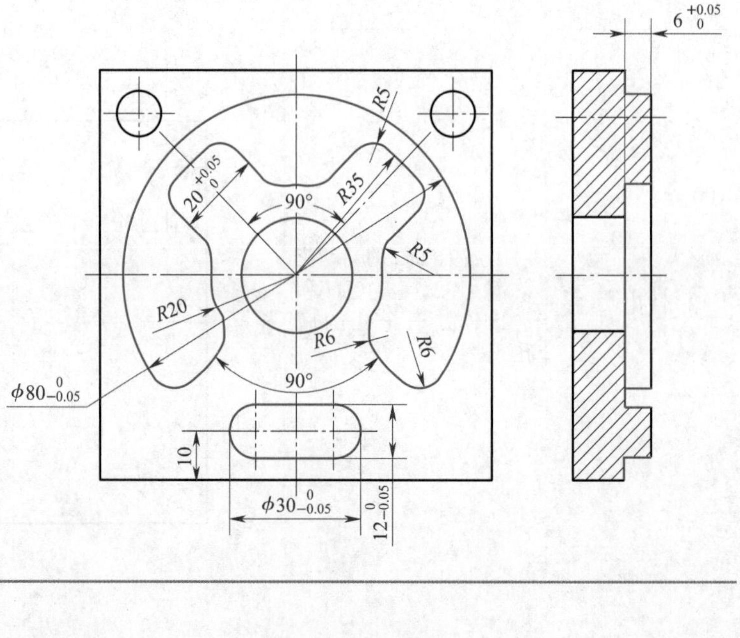

续表

工序	加工内容	图示
7. 加工 $30_{-0.05}^{0}$ mm × $12_{-0.05}^{0}$ mm 凸台的上表面	用 $\phi 10$ mm 的平底铣刀铣削 $30_{-0.05}^{0}$ mm × $12_{-0.05}^{0}$ mm 凸台的上表面	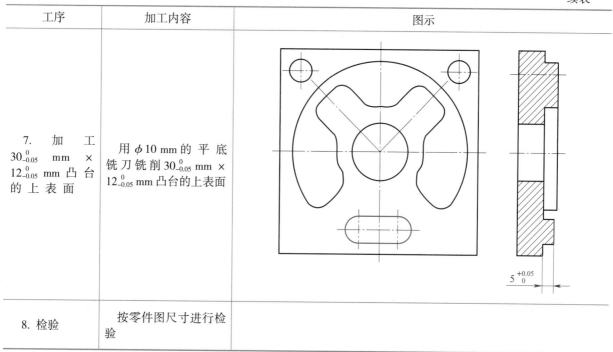
8. 检验	按零件图尺寸进行检验	

三、加工质量检测

表 11-2 为槽轮加工质量检测表。

表 11-2   **槽轮加工质量检测表**

序号	考核项目	配分	考核内容及要求	评分标准	检测结果	得分
1	主要尺寸（60 分）	5	$\phi\ 80_{-0.05}^{0}$ mm	超差不得分		
2		2×5	$20_{0}^{+0.05}$ mm（2 处）	超差不得分		
3		5	$30_{-0.05}^{0}$ mm	超差不得分		
4		5	$12_{-0.05}^{0}$ mm	超差不得分		
5		5	（72±0.03）mm	超差不得分		
6		5	$5_{0}^{+0.05}$ mm	超差不得分		
7		5	$6_{0}^{+0.05}$ mm	超差不得分		
8		2×3.5	$\phi 10$H7（2 处）	超差不得分		
9		5	$\phi 25$H7	超差不得分		
10		2×4	⫽ 0.04 A （2 处）	超差不得分		
11	次要尺寸（22 分）	2	35 mm	超差不得分		
12		2×1	90 mm（2 处）	超差不得分		
13		2	18 mm	超差不得分		
14		2	10 mm	超差不得分		
15		2	R35 mm	超差不得分		

续表

序号	考核项目	配分	考核内容及要求	评分标准	检测结果	得分
16		2	$R20$ mm	超差不得分		
17		8×0.5	$R5$ mm（8 处）	超差不得分		
18		4×0.5	$R6$ mm（4 处）	超差不得分		
19		2×2	$90°$（2 处）	超差不得分		
20	表面粗糙度 （6分）	12×0.5	$Ra3.2$ μm（12 处）	降级不得分		
21	主观评分 （9分）	3	已加工零件倒钝锐边、去毛刺符合图样要求，否则不得分			
22		3	已加工零件无划伤、碰伤和夹伤，否则不得分			
23		3	已加工零件与图样外形一致，否则不得分			
24	更换或添加毛坯 （3分）	3	更换或添加毛坯不得分			
25	职业素养		能正确穿戴工作服、工作鞋、安全帽和防护眼镜等个人防护用品。每违反一项倒扣 2 分			
26			能规范使用设备、工具、量具和辅具。每违反操作规范一次倒扣 2 分			
27			能做好设备清理、保养工作。未清理或未保养倒扣 3 分，清理或保养不彻底倒扣 2 分			
	总配分	100	总得分			

学习任务 12　定位板的数控铣床加工

一、工作任务描述

　　某企业接到一批定位板（图 12-1）的加工订单，数量为 30 件，材料为 45 钢，毛坯尺寸为 205 mm × 155 mm × 25 mm，工期为 5 天。生产部门安排数控铣工组完成此零件的加工。

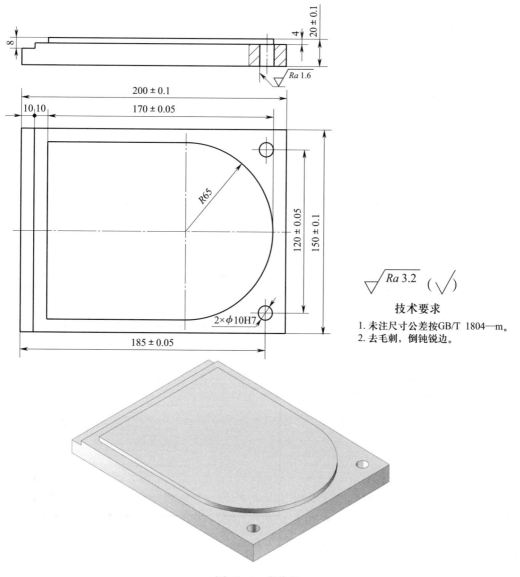

图 12-1　定位板

二、加工工艺过程

定位板的加工工艺过程见表 12-1。

表 12-1   定位板的加工工艺过程

工序	加工内容	图示
1. 粗、精加工四方体	用面铣刀粗、精加工四方体至尺寸要求	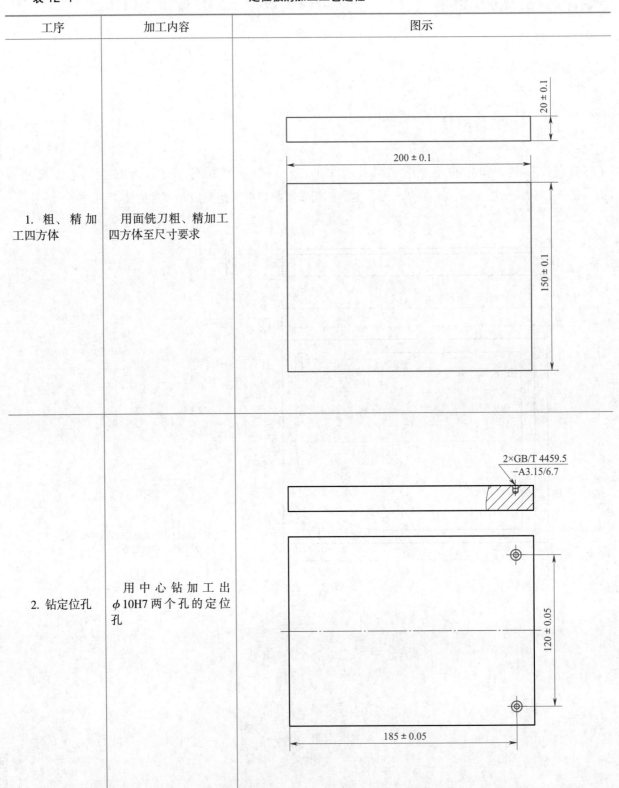
2. 钻定位孔	用中心钻加工出 ϕ10H7 两个孔的定位孔	

续表

工序	加工内容	图示
3. 钻孔	用 ϕ9.8 mm 的麻花钻钻出 ϕ10H7 两个孔的底孔	120 ± 0.05　2×ϕ9.8　185 ± 0.05
4. 铰孔	用 ϕ10H7 的铰刀铰两个 ϕ10H7 孔	2×ϕ10H7
5. 加工 10 mm 的台阶	用 ϕ16 mm 的平底铣刀分层铣削 10 mm 的台阶	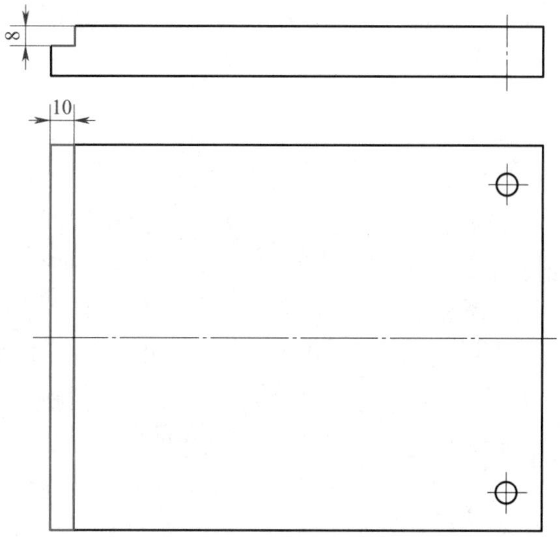 8　10

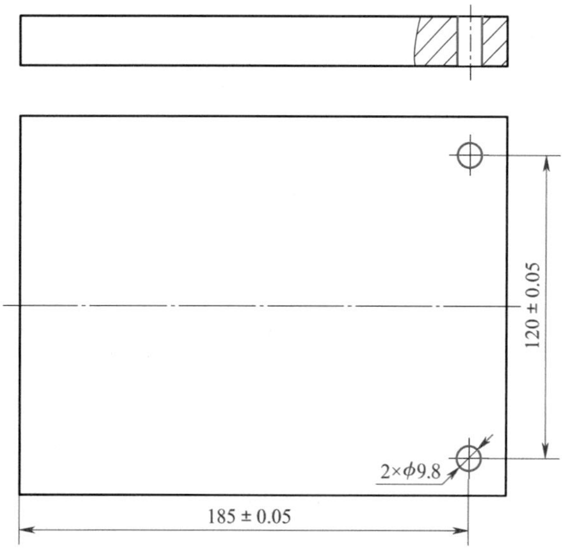

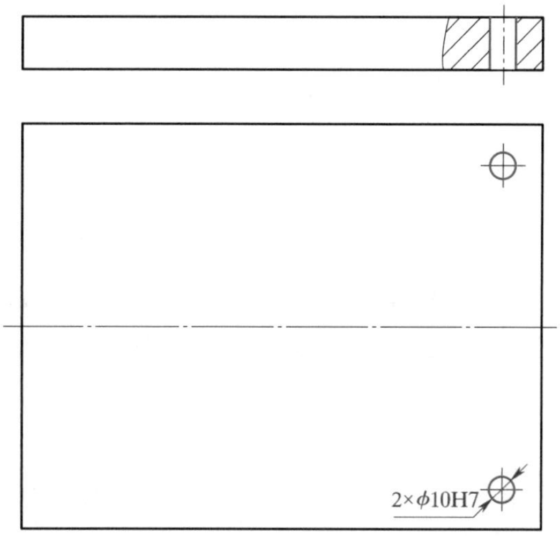

工序	加工内容	图示
6. 加工圆弧凸台轮廓	用 $\phi16$ mm 的平底铣刀分层铣削圆弧凸台轮廓	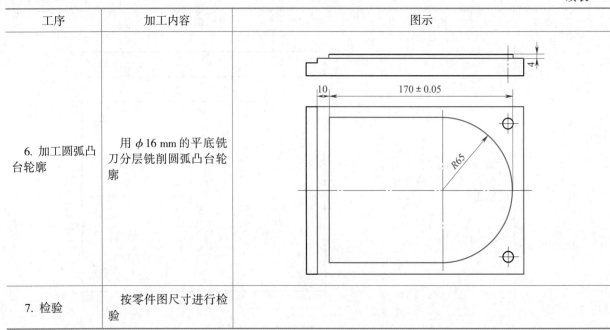
7. 检验	按零件图尺寸进行检验	

三、加工质量检测

表 12-2 为定位板加工质量检测表。

表 12-2   定位板加工质量检测表

序号	考核项目	配分	考核内容及要求	评分标准	检测结果	得分
1	主要尺寸（59分）	7	（200±0.1）mm	超差不得分		
2		7	（150±0.1）mm	超差不得分		
3		7	（20±0.1）mm	超差不得分		
4		7	（185±0.05）mm	超差不得分		
5		7	（170±0.05）mm	超差不得分		
6		6	（120±0.05）mm	超差不得分		
7		2×6	$\phi10H7$（2处）	超差不得分		
8		6	$R65$ mm	超差不得分		
9	次要尺寸（20分）	2×5	10 mm（2处）	超差不得分		
10		5	4 mm	超差不得分		
11		5	8 mm	超差不得分		
12	表面粗糙度（9分）	2×2	$Ra1.6\ \mu m$（2处）	降级不得分		
13		10×0.5	$Ra3.2\ \mu m$（10处）	降级不得分		
14	主观评分（9分）	3	已加工零件倒钝锐边、去毛刺符合图样要求，否则不得分			
15		3	已加工零件无划伤、碰伤和夹伤，否则不得分			
16		3	已加工零件与图样外形一致，否则不得分			

续表

序号	考核项目	配分	考核内容及要求	评分标准	检测结果	得分
17	更换或添加毛坯（3分）	3	更换或添加毛坯不得分			
18	职业素养		能正确穿戴工作服、工作鞋、安全帽和防护眼镜等个人防护用品。每违反一项倒扣2分			
19			能规范使用设备、工具、量具和辅具。每违反操作规范一次倒扣2分			
20			能做好设备清理、保养工作。未清理或未保养倒扣3分，清理或保养不彻底倒扣2分			
	总配分	100	总得分			

学习任务 13　端盖 II 的数控铣床加工

一、工作任务描述

某企业接到一批端盖 II（图 13-1）的加工订单，数量为 30 件，材料为 2A12，毛坯尺寸为 95 mm × 95 mm × 25 mm，工期为 5 天。生产部门安排数控铣工组完成此零件的加工。

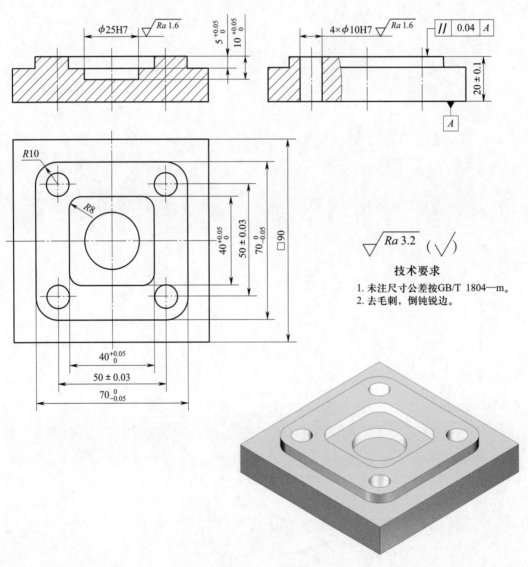

图 13-1　端盖 II

二、加工工艺过程

端盖Ⅱ的加工工艺过程见表 13-1。

表 13-1　　　　　　　　　　　　　　**端盖Ⅱ的加工工艺过程**

工序	加工内容	图示
1. 粗、精加工四方体	用面铣刀粗、精加工四方体至尺寸要求	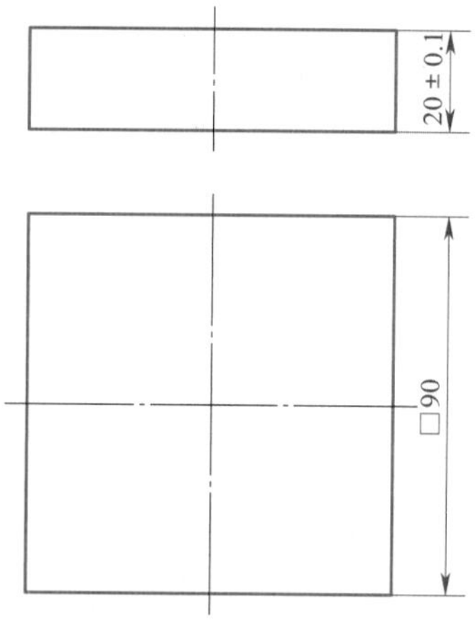
2. 钻定位孔	用中心钻加工出 4 个 ϕ10H7 孔的定位孔	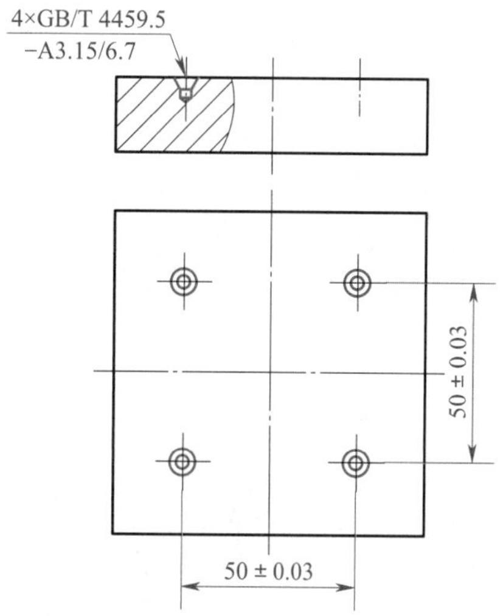
3. 钻孔	用 ϕ9.8 mm 的麻花钻钻出 4 个 ϕ10H7 孔的底孔	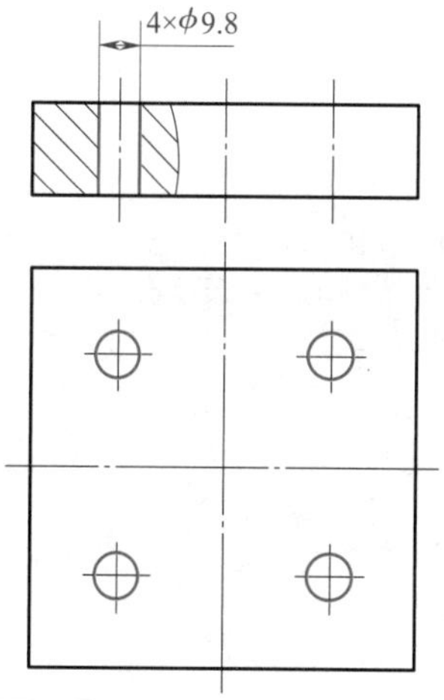

工序	加工内容	图示
4. 铰孔	用 ϕ10H7 的铰刀铰 4 个 ϕ10H7 孔至加工要求	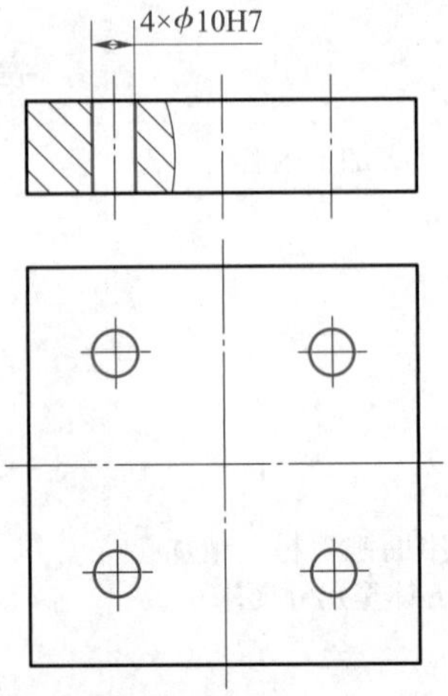
5. 加工凸台外轮廓	用 ϕ10 mm 的平底铣刀分层铣削凸台外轮廓至加工要求	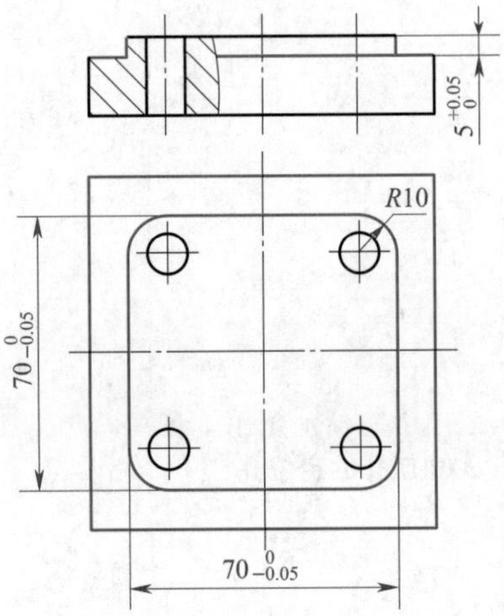
6. 加工 ϕ25H7 孔	用 ϕ10 mm 的平底铣刀分层铣削 ϕ25H7 孔至加工要求	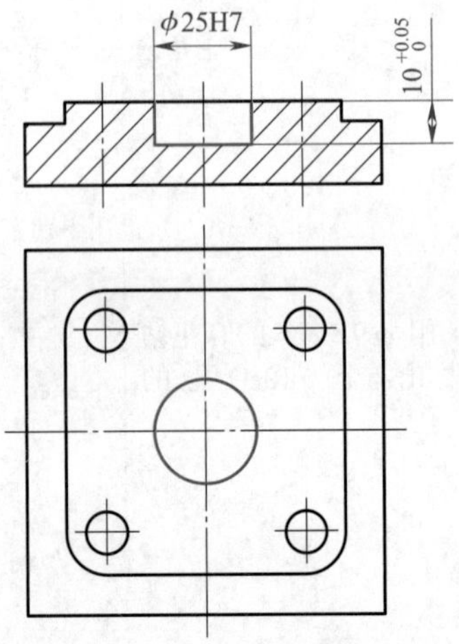

续表

工序	加工内容	图示
7. 加工凸台内轮廓	用 $\phi 10$ mm 的平底铣刀分层铣削凸台内轮廓至加工要求	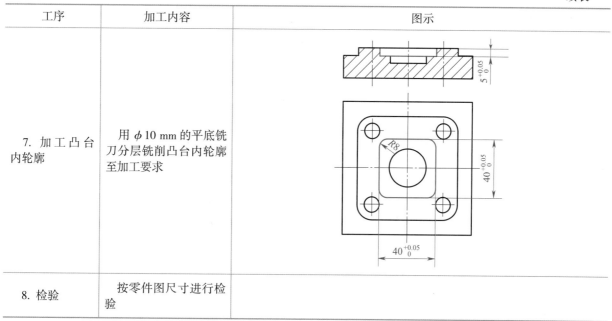
8. 检验	按零件图尺寸进行检验	

三、加工质量检测

表 13-2 为端盖 II 加工质量检测表。

表 13-2　　　　　　　　　　　端盖 II 加工质量检测表

序号	考核项目	配分	考核内容及要求	评分标准	检测结果	得分
1	主要尺寸（66 分）	2×5	$70_{-0.05}^{0}$ mm（2 处）	超差不得分		
2		2×5	$40_{0}^{+0.05}$ mm（2 处）	超差不得分		
3		2×5	（50±0.03）mm（2 处）	超差不得分		
4		4	⫽ 0.04 A	超差不得分		
5		4	（20±0.1）mm	超差不得分		
6		4	$\phi 25H7$	超差不得分		
7		4×3	$\phi 10H7$（4 处）	超差不得分		
8		2×4	$5_{0}^{+0.05}$ mm（2 处）	超差不得分		
9		4	$10_{0}^{+0.05}$ mm	超差不得分		
10	次要尺寸（12 分）	4×1	$R10$ mm（4 处）	超差不得分		
11		4×1	$R8$ mm（4 处）	超差不得分		
12		2×2	90 mm（2 处）	超差不得分		
13	表面粗糙度（10 分）	5×1	$Ra1.6$ μm（5 处）	降级不得分		
14		10×0.5	$Ra3.2$ μm（10 处）	降级不得分		
15	主观评分（9 分）	3	已加工零件倒钝锐边、去毛刺符合图样要求，否则不得分			
16		3	已加工零件无划伤、碰伤和夹伤，否则不得分			

续表

序号	考核项目	配分	考核内容及要求	评分标准	检测结果	得分
17		3	已加工零件与图样外形一致，否则不得分			
18	更换或添加毛坯（3分）	3	更换或添加毛坯不得分			
19	职业素养		能正确穿戴工作服、工作鞋、安全帽和防护眼镜等个人防护用品。每违反一项倒扣2分			
20			能规范使用设备、工具、量具和辅具。每违反操作规范一次倒扣2分			
21			能做好设备清理、保养工作。未清理或未保养倒扣3分，清理或保养不彻底倒扣2分			
	总配分	100	总得分			

学习任务 14　模具推料板的数控铣床加工

一、工作任务描述

某企业接到一批模具推料板（图 14-1）的加工订单，数量为 30 件，材料为 45 钢，毛坯尺寸为 165 mm × 75 mm × 35 mm，工期为 5 天。生产部门安排数控铣工组完成此零件的加工。

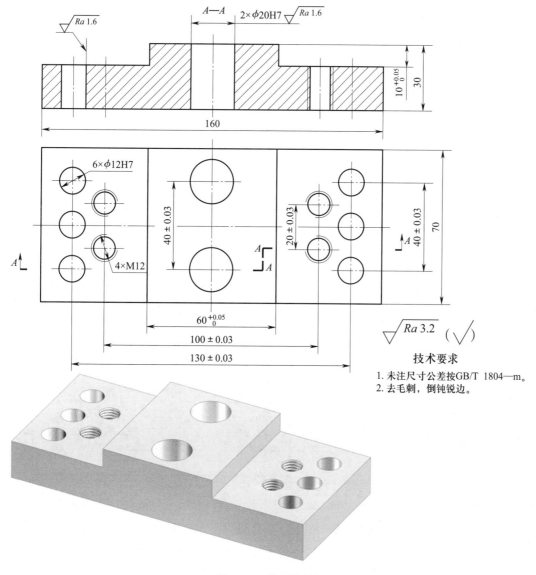

技术要求

1. 未注尺寸公差按GB/T 1804—m。
2. 去毛刺，倒钝锐边。

图 14-1　模具推料板

二、加工工艺过程

模具推料板的加工工艺过程见表 14-1。

表 14-1　　　　　　　　　　　模具推料板的加工工艺过程

工序	加工内容	图示
1. 粗、精加工四方体	用面铣刀粗、精加工四方体至尺寸要求	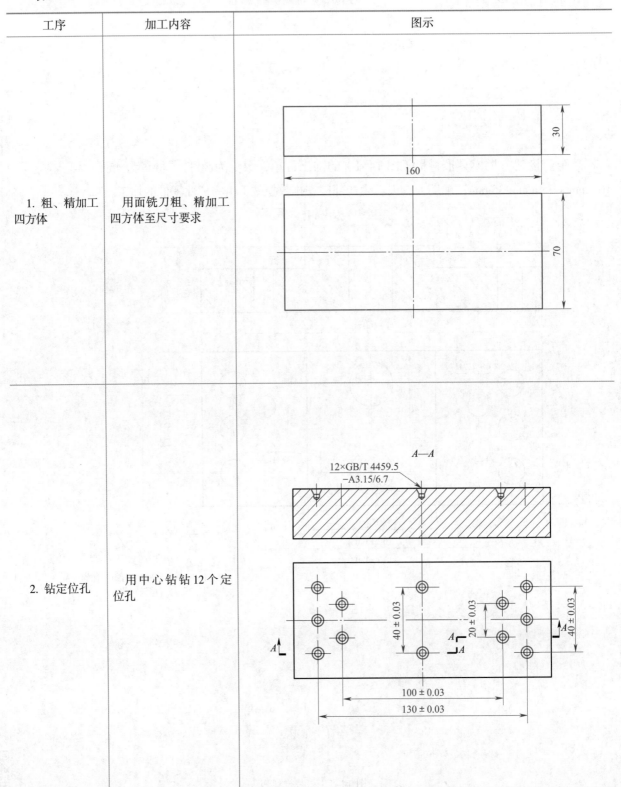
2. 钻定位孔	用中心钻钻 12 个定位孔	

续表

工序	加工内容	图示
3. 钻底孔	用 ϕ 11.8 mm 的麻花钻钻出 6 个 ϕ 12H7 和 2 个 ϕ 20H7 孔的底孔	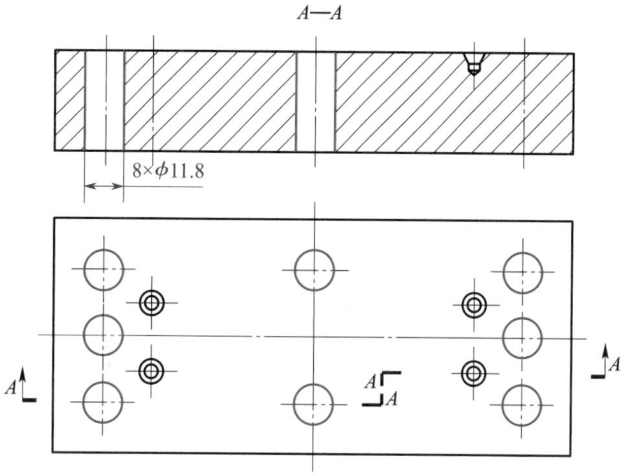
4. 铰孔	用 ϕ 12H7 的铰刀铰 6 个 ϕ 12H7 孔至加工要求	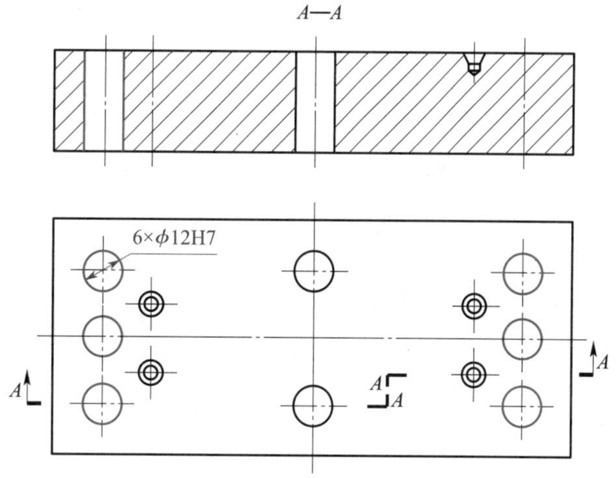
5. 钻螺纹底孔	用 ϕ 10.2 mm 的麻花钻钻 4 个 M12 螺纹底孔	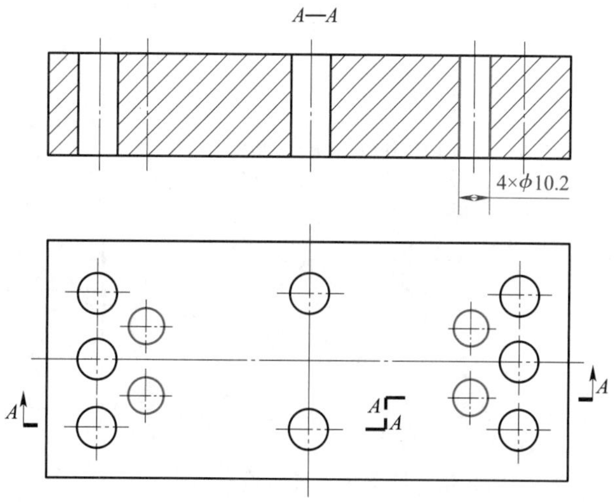

续表

工序	加工内容	图示
6. 攻 M12 螺纹	用 M12 丝锥攻 M12 螺纹	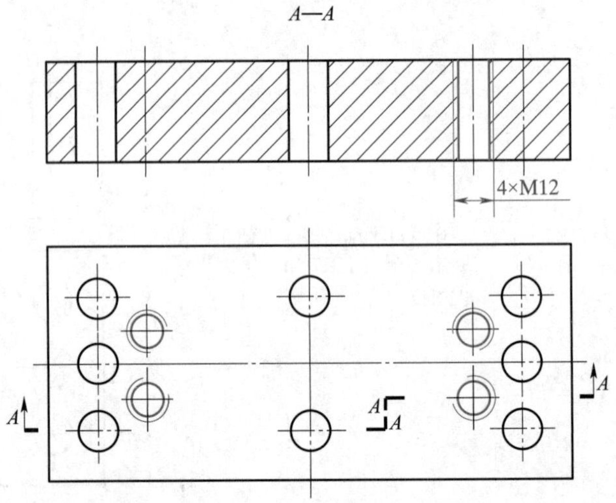
7. 加工凸台外轮廓	用 ϕ 10 mm 的平底铣刀分层铣削凸台外轮廓至加工要求	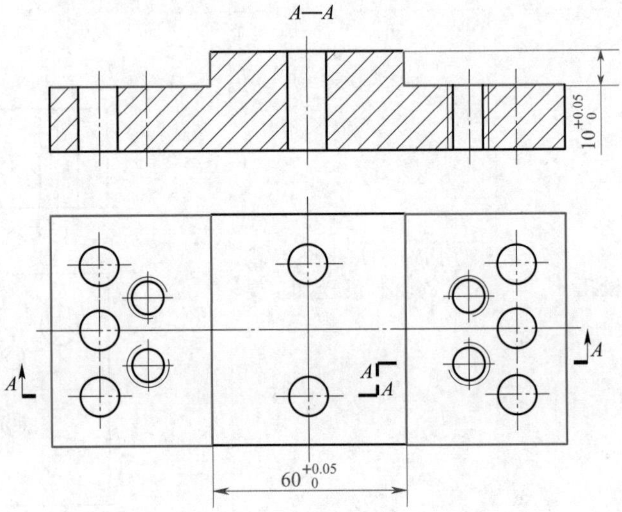
8. 加工 2 个 ϕ 20H7 的孔	用 ϕ 10 mm 的平底铣刀分层铣削 2 个 ϕ 20H7 的孔	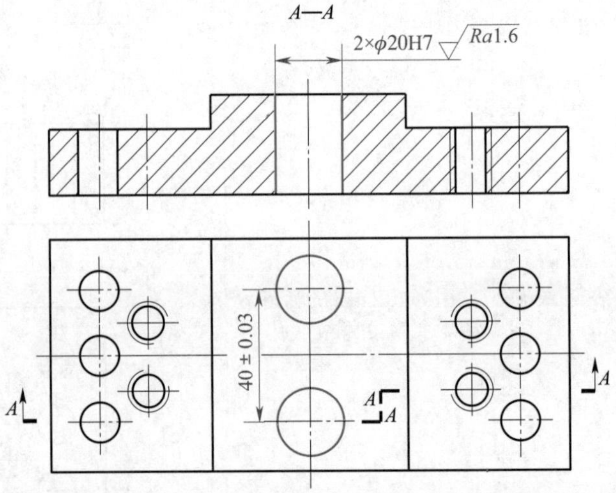
9. 检验	按零件图尺寸进行检验	

三、加工质量检测

表 14-2 为模具推料板加工质量检测表。

表 14-2　　　　　　　　　　　　　　　　　模具推料板加工质量检测表

序号	考核项目	配分	考核内容及要求	评分标准	检测结果	得分
1	主要尺寸（67 分）	5	（130 ± 0.03）mm	超差不得分		
2		5	（100 ± 0.03）mm	超差不得分		
3		3 × 3	（40 ± 0.03）mm（3 处）	超差不得分		
4		2 × 2.5	（20 ± 0.03）mm（2 处）	超差不得分		
5		5	$60^{+0.05}_{0}$ mm	超差不得分		
6		2 × 4	$10^{+0.05}_{0}$ mm（2 处）	超差不得分		
7		4 × 3	M12（4 处）	超差不得分		
8		2 × 3	ϕ 20H7（2 处）	超差不得分		
9		6 × 2	ϕ 12H7（6 处）	超差不得分		
10	次要尺寸（6 分）	2	160 mm	超差不得分		
11		2	70 mm	超差不得分		
12		2	30 mm	超差不得分		
13	表面粗糙度（15 分）	8 × 1	Ra1.6 μm（8 处）	降级不得分		
14		14 × 0.5	Ra3.2 μm（14 处）	降级不得分		
15	主观评分（9 分）	3	已加工零件倒钝锐边、去毛刺符合图样要求，否则不得分			
16		3	已加工零件无划伤、碰伤和夹伤，否则不得分			
17		3	已加工零件与图样外形一致，否则不得分			
18	更换或添加毛坯（3 分）	3	更换或添加毛坯不得分			
19	职业素养		能正确穿戴工作服、工作鞋、安全帽和防护眼镜等个人防护用品。每违反一项倒扣 2 分			
20			能规范使用设备、工具、量具和辅具。每违反操作规范一次倒扣 2 分			
21			能做好设备清理、保养工作。未清理或未保养倒扣 3 分，清理或保养不彻底倒扣 2 分			
总配分		100		总得分		

附 录

学习任务分析表

附表 1

序号	工作内容分析						学习内容分析		
	工作步骤	工作内容	工作成果	工作要求	工作方法	工具、材料、设备	劳动组织形式	理论和实践知识	职业素养

附表 2

教学活动策划表

序号	学习任务名称					学时		
	学习环节与学时	学习目标	学习步骤	学习内容	学生活动	教师活动	学习成果	学习资源

附表3　　　　　　　　　　　　　学生自我评价表

班级：＿＿＿＿＿＿　　学生姓名：＿＿＿＿＿＿　　学号：＿＿＿＿＿＿

评价项目	评价内容	评价标准			得分
		偶尔	经常	完全	
知识和技能	能独立获取任务信息，明确工作任务内容与要求，制订工作计划	0～2	3～4	5～7	
	能认真听讲，根据任务要求合理选择指令，编辑加工程序并校验	0～2	3～4	5～7	
	能主动参与角色分工、扮演，尽心尽责全程参与工作任务	0～2	3～4	5～7	
	观看微课、课件和教师示范操作，能正确进行刀具、工件的装夹	0～2	3～4	5～7	
	能规范、有序进行零件的加工	0～4	5～7	8～10	
	能通过小组协作，选用合适的量具对零件进行检测	0～2	3～4	5～7	
职业素养	能按时出勤，规范着装。遵守课堂学习纪律，不做与学习任务无关的事情	0～2	3～4	5～7	
	能善于发现并勇于指出操作人员的不规范操作	0～2	3～4	5～7	
	能主动分析、思考问题，积极发表对问题的看法，提出建议，解决问题	0～4	5～7	8～10	
	能主动参与并服从团队安排，互助协作，分享并倾听意见，反思总结，完善自我	0～2	3～4	5～7	
	能保持认真细致、精益求精的工作态度	0～4	5～7	8～10	
	能积极参与汇报工作（汇报人需表述清晰、专业术语准确，非汇报人协助整合汇报资料和方案）	0～2	3～4	5～7	
	能遵守实训车间环境卫生要求	0～2	3～4	5～7	
任务总体表现（总评分）					

附表4　　　　　　　　　　　　　组内工作过程互评表

学习任务名称		班级	姓名	学号

序号	评价内容	评价标准			得分
		偶尔	经常	完全	
1	能主动完成教师布置的任务和作业	0～4	5～7	8～10	
2	能认真听教师讲课，听同学发言	0～4	5～7	8～10	
3	能积极参与讨论，与他人良好合作	0～4	5～7	8～10	
4	能独立查阅资料，观看微课，形成意见文本	0～4	5～7	8～10	
5	能积极地就疑难问题向同学和教师请教	0～4	5～7	8～10	
6	能积极参与小组合作，并指出同学在操作中的不规范行为	0～4	5～7	8～10	
7	能规范操作数控铣床进行零件加工	0～4	5～7	8～10	
8	能在正确测量后耐心、细致地修调加工参数，保证零件质量	0～4	5～7	8～10	
9	能按车间管理要求规范摆放工具、量具、刀具，整理及清扫现场	0～4	5～7	8～10	
10	能认真总结和反思零件加工任务实施中出现的问题	0～4	5～7	8～10	
任务总体表现（总评分）					

附表 5　　　　　　　　　　　　　组间展示互评表

学习任务名称			班级	姓名	汇报人

序号	评价内容	评价标准			得分
		否	部分	是	
1	展示的零件是否符合图样要求	0 ~ 4	5 ~ 7	8 ~ 10	
2	小组介绍成果表达是否清晰	0 ~ 4	5 ~ 7	8 ~ 10	
3	小组介绍的加工方法是否正确	0 ~ 4	5 ~ 7	8 ~ 10	
4	小组汇报成果语言逻辑是否正确	0 ~ 4	5 ~ 7	8 ~ 10	
5	小组汇报成果专业术语表达是否正确	0 ~ 4	5 ~ 7	8 ~ 10	
6	小组组员和汇报人解答其他组提问是否正确	0 ~ 4	5 ~ 7	8 ~ 10	
7	汇报或模拟加工过程操作是否规范	0 ~ 4	5 ~ 7	8 ~ 10	
8	小组的检测量具、量仪保养是否规范	0 ~ 4	5 ~ 7	8 ~ 10	
9	小组成员是否有团队合作精神	0 ~ 4	5 ~ 7	8 ~ 10	
10	小组汇报展示的方式是否新颖（利用多媒体等手段）	0 ~ 4	5 ~ 7	8 ~ 10	
任务总体表现（总评分）					
小组汇报中存在的问题和建议					

附表 6　　　　　　　　　　　　　教师评价表

评价项目	评价标准	教师评价（占总评 50%）			得分
		偶尔	经常	完全	
承担职责	能主动参与角色分工、扮演，尽心尽责全程参与工作任务	0 ~ 4	5 ~ 7	8 ~ 10	
服从管理	能时刻服从组长和教师工作安排，积极完成工作	0 ~ 4	5 ~ 7	8 ~ 10	
独立思考	能独立发现问题，思考问题，积极发表对问题的看法，提出建议，解决问题	0 ~ 4	5 ~ 7	8 ~ 10	
团结互助	能主动交流、协作，完成零件加工工艺的制定	0 ~ 4	5 ~ 7	8 ~ 10	
规范意识	能按照车间操作规范进行操作，遵守设备使用要求，正确开关设备，维持场地环境整洁	0 ~ 4	5 ~ 7	8 ~ 10	
严谨踏实	能认真、细致地按照加工工艺完成零件加工	0 ~ 4	5 ~ 7	8 ~ 10	
勇于表达	能善于发现并指出操作人员的不规范操作，并积极参与汇报	0 ~ 4	5 ~ 7	8 ~ 10	
质量意识	能对零件质量精益求精，达到最好加工结果（刀补调试参数和切削参数是否最优以零件表面粗糙度和尺寸精度为准）	0 ~ 4	5 ~ 7	8 ~ 10	
反思总结	能反思、总结影响零件质量的因素	0 ~ 4	5 ~ 7	8 ~ 10	
自律自控	能控制自己，积极协作，全程参与工作过程	0 ~ 4	5 ~ 7	8 ~ 10	
任务总体表现（总评分）					
总体意见